ADDITION & SUBTRACTION FAST FACTS

Timed Math Facts Practice Tests

This book belongs to:

Printed in the United States of America
ISBN: 978-1-64824-047-8
EDventure Learning LLC
5601 State Route 31 #1296
Clay, NY 13039

www.edventurelearning.com

Email us at hello@edventurelearning.com
Follow us on social media @edventurelearning

Welcome to *Addition and Subtraction Fast Facts!* This workbook is designed to help you master addition and subtraction by covering all facts from 0 to 20 using 100 timed tests. By practicing regularly, you'll strengthen your addition and subtraction skills, increase your speed, and build the confidence you need to succeed in math.

How to Use This Workbook:

- Set a Timer: Each test is designed to be completed as quickly as possible. Use a timer to track your speed and challenge yourself to improve.
- Practice Regularly: Consistency is key! Work on one or two tests each day to steadily improve your skills.
- Review Mistakes: After each test, check the answer key in the back, review any errors, and focus on the facts that need extra practice.
- Track Your Progress: At the top of each page is space to record your time and score. In the back of the book, you will also find a progress tracking chart you can use to record your growth over time. Use it to see how far you've come and to set goals for improvement. Remember, progress takes time—keep practicing, and you'll see great results!

Good luck, and have fun mastering your addition and subtraction facts!

CONTENTS

1

Add Within 10

Time: ________

Score: _____/ 40

(1) 3 + 2	(2) 0 + 1	(3) 7 + 3	(4) 1 + 9	(5) 2 + 2
(6) 5 + 2	(7) 4 + 2	(8) 1 + 8	(9) 2 + 5	(10) 4 + 4
(11) 3 + 6	(12) 5 + 0	(13) 5 + 4	(14) 6 + 4	(15) 0 + 9
(16) 4 + 6	(17) 2 + 2	(18) 8 + 1	(19) 9 + 1	(20) 0 + 3
(21) 2 + 6	(22) 2 + 4	(23) 6 + 2	(24) 4 + 2	(25) 3 + 1
(26) 5 + 1	(27) 0 + 2	(28) 2 + 1	(29) 2 + 4	(30) 4 + 4
(31) 1 + 7	(32) 4 + 1	(33) 2 + 0	(34) 4 + 4	(35) 2 + 3
(36) 1 + 3	(37) 4 + 2	(38) 6 + 3	(39) 1 + 2	(40) 3 + 6

2

Add Within 10

Time: ____________

Score: ______/ 40

① 0 + 0	② 8 + 1	③ 0 + 8	④ 1 + 5	⑤ 1 + 4
⑥ 5 + 3	⑦ 0 + 10	⑧ 3 + 5	⑨ 3 + 0	⑩ 0 + 6
⑪ 4 + 1	⑫ 0 + 4	⑬ 6 + 3	⑭ 1 + 8	⑮ 3 + 7
⑯ 1 + 0	⑰ 5 + 5	⑱ 3 + 3	⑲ 1 + 4	⑳ 8 + 0
(21) 4 + 0	(22) 0 + 5	(23) 4 + 5	(24) 1 + 1	(25) 9 + 0
(26) 7 + 1	(27) 0 + 3	(28) 0 + 8	(29) 7 + 3	(30) 0 + 1
(31) 0 + 4	(32) 0 + 0	(33) 6 + 4	(34) 1 + 0	(35) 4 + 0
(36) 0 + 9	(37) 2 + 6	(38) 0 + 2	(39) 1 + 3	(40) 10 + 0

3

Add Within 10

Time: __________

Score: _____/ 40

(1) 4 + 4	(2) 6 + 2	(3) 2 + 8	(4) 7 + 1	(5) 4 + 3
(6) 0 + 5	(7) 4 + 0	(8) 5 + 0	(9) 6 + 1	(10) 9 + 0
(11) 5 + 2	(12) 8 + 2	(13) 1 + 6	(14) 9 + 1	(15) 4 + 4
(16) 3 + 1	(17) 1 + 9	(18) 2 + 8	(19) 4 + 6	(20) 3 + 7
(21) 6 + 1	(22) 7 + 0	(23) 5 + 1	(24) 2 + 3	(25) 1 + 1
(26) 8 + 2	(27) 3 + 4	(28) 5 + 5	(29) 1 + 6	(30) 2 + 5
(31) 1 + 7	(32) 0 + 7	(33) 0 + 6	(34) 1 + 5	(35) 6 + 0
(36) 4 + 3	(37) 7 + 0	(38) 0 + 7	(39) 6 + 1	(40) 3 + 5

4

Add Within 10

Time: ____________

Score: ______/ 40

(1) 5 + 3	(2) 7 + 2	(3) 4 + 5	(4) 8 + 0	(5) 6 + 0
(6) 0 + 4	(7) 0 + 8	(8) 5 + 4	(9) 1 + 8	(10) 3 + 3
(11) 3 + 0	(12) 2 + 0	(13) 2 + 7	(14) 3 + 7	(15) 8 + 1
(16) 2 + 8	(17) 8 + 0	(18) 6 + 1	(19) 1 + 6	(20) 0 + 8
(21) 3 + 5	(22) 1 + 1	(23) 7 + 2	(24) 1 + 4	(25) 6 + 1
(26) 5 + 3	(27) 8 + 0	(28) 3 + 1	(29) 0 + 3	(30) 3 + 0
(31) 0 + 6	(32) 6 + 0	(33) 1 + 6	(34) 1 + 0	(35) 5 + 0
(36) 4 + 1	(37) 1 + 7	(38) 0 + 2	(39) 6 + 4	(40) 6 + 1

5

Add Within 10

Time: ________

Score: _____/ 40

(1) 1 + 3	(2) 1 + 8	(3) 2 + 5	(4) 0 + 1	(5) 0 + 4
(6) 7 + 1	(7) 4 + 4	(8) 6 + 3	(9) 0 + 0	(10) 5 + 1
(11) 8 + 1	(12) 4 + 0	(13) 0 + 4	(14) 0 + 5	(15) 4 + 0
(16) 7 + 3	(17) 2 + 0	(18) 5 + 5	(19) 2 + 6	(20) 1 + 9
(21) 0 + 6	(22) 4 + 1	(23) 2 + 3	(24) 3 + 6	(25) 1 + 5
(26) 4 + 5	(27) 0 + 10	(28) 1 + 4	(29) 6 + 2	(30) 1 + 8
(31) 9 + 0	(32) 0 + 9	(33) 5 + 4	(34) 5 + 2	(35) 6 + 3
(36) 9 + 1	(37) 4 + 6	(38) 3 + 3	(39) 9 + 0	(40) 0 + 4

6

Add Within 10

Time: ________

Score: _____/ 40

(1) 10 + 0	(2) 3 + 6	(3) 2 + 1	(4) 7 + 0	(5) 2 + 0
(6) 2 + 3	(7) 1 + 1	(8) 3 + 4	(9) 0 + 10	(10) 2 + 6
(11) 3 + 2	(12) 4 + 4	(13) 1 + 2	(14) 1 + 9	(15) 1 + 7
(16) 2 + 2	(17) 9 + 1	(18) 6 + 3	(19) 5 + 1	(20) 10 + 0
(21) 5 + 2	(22) 3 + 1	(23) 4 + 4	(24) 4 + 4	(25) 5 + 5
(26) 2 + 2	(27) 6 + 2	(28) 3 + 0	(29) 4 + 3	(30) 0 + 9
(31) 3 + 4	(32) 4 + 3	(33) 5 + 4	(34) 0 + 3	(35) 3 + 5
(36) 2 + 3	(37) 2 + 2	(38) 0 + 2	(39) 0 + 7	(40) 0 + 1

7

Add Within 10

Time: ________

Score: _____/ 40

① 2 + 8	② 6 + 4	③ 5 + 0	④ 4 + 0	⑤ 4 + 2
⑥ 8 + 2	⑦ 3 + 3	⑧ 4 + 1	⑨ 4 + 5	⑩ 8 + 0
⑪ 7 + 3	⑫ 2 + 4	⑬ 2 + 5	⑭ 7 + 1	⑮ 5 + 3
⑯ 4 + 2	⑰ 1 + 0	⑱ 1 + 5	⑲ 1 + 4	⑳ 4 + 6
(21) 1 + 3	(22) 0 + 5	(23) 3 + 7	(24) 0 + 0	(25) 2 + 6
(26) 2 + 2	(27) 0 + 8	(28) 1 + 7	(29) 7 + 3	(30) 7 + 1
(31) 4 + 1	(32) 1 + 1	(33) 1 + 8	(34) 0 + 1	(35) 0 + 0
(36) 5 + 0	(37) 0 + 4	(38) 9 + 0	(39) 2 + 4	(40) 0 + 2

8

Add Within 10

Time: ________

Score: _____/ 40

(1) 0 + 8	(2) 5 + 1	(3) 4 + 0	(4) 5 + 2	(5) 0 + 4
(6) 8 + 0	(7) 5 + 5	(8) 3 + 6	(9) 0 + 9	(10) 3 + 1
(11) 6 + 3	(12) 7 + 2	(13) 6 + 2	(14) 3 + 6	(15) 4 + 6
(16) 1 + 9	(17) 3 + 4	(18) 9 + 1	(19) 6 + 4	(20) 0 + 10
(21) 1 + 4	(22) 5 + 3	(23) 4 + 5	(24) 4 + 1	(25) 3 + 5
(26) 0 + 8	(27) 10 + 0	(28) 5 + 4	(29) 1 + 4	(30) 2 + 0
(31) 0 + 10	(32) 0 + 1	(33) 2 + 7	(34) 6 + 0	(35) 0 + 3
(36) 1 + 3	(37) 1 + 5	(38) 4 + 3	(39) 10 + 0	(40) 7 + 2

9

Add Within 10

Time: ________

Score: _____/ 40

(1) $2 + 5$	(2) $1 + 6$	(3) $3 + 3$	(4) $3 + 0$	(5) $4 + 3$
(6) $0 + 6$	(7) $0 + 4$	(8) $5 + 0$	(9) $3 + 7$	(10) $6 + 3$
(11) $2 + 7$	(12) $5 + 5$	(13) $4 + 6$	(14) $6 + 1$	(15) $5 + 4$
(16) $4 + 5$	(17) $4 + 0$	(18) $1 + 1$	(19) $2 + 3$	(20) $1 + 7$
(21) $3 + 2$	(22) $1 + 6$	(23) $3 + 4$	(24) $6 + 0$	(25) $0 + 2$
(26) $7 + 2$	(27) $7 + 0$	(28) $0 + 4$	(29) $1 + 9$	(30) $6 + 4$
(31) $6 + 1$	(32) $0 + 3$	(33) $1 + 5$	(34) $7 + 1$	(35) $1 + 6$
(36) $3 + 0$	(37) $6 + 2$	(38) $6 + 1$	(39) $1 + 6$	(40) $2 + 0$

10

Add Within 10

Time: ________

Score: _____/ 40

(1) 5 + 0	(2) 6 + 0	(3) 8 + 2	(4) 5 + 2	(5) 7 + 2
(6) 2 + 6	(7) 3 + 3	(8) 0 + 5	(9) 9 + 1	(10) 0 + 0
(11) 1 + 8	(12) 1 + 4	(13) 0 + 1	(14) 1 + 0	(15) 5 + 3
(16) 2 + 8	(17) 4 + 1	(18) 8 + 1	(19) 5 + 1	(20) 0 + 6
(21) 0 + 9	(22) 9 + 0	(23) 1 + 8	(24) 7 + 3	(25) 1 + 4
(26) 1 + 3	(27) 0 + 4	(28) 8 + 0	(29) 2 + 5	(30) 4 + 0
(31) 8 + 2	(32) 3 + 1	(33) 2 + 8	(34) 3 + 5	(35) 3 + 7
(36) 0 + 8	(37) 4 + 6	(38) 1 + 5	(39) 0 + 4	(40) 2 + 0

11

Subtract Within 10

Time: ________

Score: _____/ 40

(1) 8 − 0	(2) 10 − 2	(3) 9 − 5	(4) 10 − 4	(5) 7 − 1
(6) 2 − 1	(7) 3 − 0	(8) 5 − 0	(9) 6 − 4	(10) 10 − 7
(11) 3 − 2	(12) 5 − 4	(13) 9 − 3	(14) 8 − 6	(15) 9 − 2
(16) 6 − 6	(17) 2 − 0	(18) 5 − 2	(19) 6 − 2	(20) 5 − 5
(21) 10 − 3	(22) 7 − 7	(23) 7 − 6	(24) 5 − 3	(25) 3 − 3
(26) 0 − 0	(27) 8 − 1	(28) 10 − 1	(29) 3 − 1	(30) 9 − 4
(31) 8 − 7	(32) 5 − 1	(33) 6 − 5	(34) 4 − 1	(35) 4 − 2
(36) 2 − 2	(37) 8 − 5	(38) 7 − 5	(39) 8 − 2	(40) 6 − 3

12

Subtract Within 10

Time: ___________

Score: _____/ 40

(1) 7 − 4	(2) 8 − 4	(3) 1 − 1	(4) 10 − 8	(5) 9 − 8
(6) 6 − 1	(7) 9 − 7	(8) 4 − 0	(9) 4 − 3	(10) 9 − 0
(11) 10 − 6	(12) 7 − 3	(13) 7 − 0	(14) 8 − 3	(15) 10 − 5
(16) 10 − 0	(17) 8 − 8	(18) 9 − 9	(19) 9 − 6	(20) 4 − 4
(21) 1 − 0	(22) 6 − 0	(23) 9 − 1	(24) 10 − 9	(25) 7 − 2
(26) 10 − 10	(27) 7 − 0	(28) 2 − 0	(29) 10 − 0	(30) 1 − 0
(31) 9 − 8	(32) 5 − 0	(33) 7 − 4	(34) 10 − 7	(35) 7 − 7
(36) 10 − 6	(37) 6 − 2	(38) 5 − 2	(39) 9 − 0	(40) 3 − 3

13

Subtract Within 10

Time: ________

Score: _____/ 40

(1) 9 − 4	(2) 6 − 6	(3) 4 − 0	(4) 10 − 3	(5) 7 − 5
(6) 4 − 2	(7) 9 − 3	(8) 8 − 3	(9) 10 − 8	(10) 8 − 2
(11) 8 − 6	(12) 4 − 1	(13) 1 − 1	(14) 4 − 3	(15) 8 − 0
(16) 8 − 8	(17) 6 − 3	(18) 10 − 5	(19) 7 − 2	(20) 5 − 4
(21) 8 − 1	(22) 6 − 0	(23) 9 − 5	(24) 9 − 2	(25) 3 − 1
(26) 10 − 10	(27) 8 − 4	(28) 10 − 4	(29) 9 − 1	(30) 6 − 4
(31) 7 − 6	(32) 3 − 2	(33) 2 − 2	(34) 10 − 2	(35) 9 − 9
(36) 10 − 1	(37) 10 − 9	(38) 2 − 1	(39) 8 − 7	(40) 7 − 3

14

Subtract Within 10

Time: __________

Score: _____/ 40

(1) 8 − 5	(2) 5 − 3	(3) 3 − 0	(4) 5 − 5	(5) 9 − 6
(6) 4 − 4	(7) 7 − 1	(8) 6 − 5	(9) 9 − 7	(10) 0 − 0
(11) 6 − 1	(12) 5 − 1	(13) 6 − 4	(14) 9 − 1	(15) 6 − 0
(16) 7 − 2	(17) 9 − 0	(18) 10 − 4	(19) 8 − 4	(20) 5 − 4
(21) 7 − 6	(22) 2 − 1	(23) 9 − 6	(24) 7 − 5	(25) 4 − 1
(26) 10 − 5	(27) 10 − 0	(28) 4 − 2	(29) 9 − 2	(30) 10 − 8
(31) 2 − 0	(32) 3 − 1	(33) 3 − 2	(34) 10 − 1	(35) 8 − 6
(36) 9 − 4	(37) 6 − 3	(38) 1 − 1	(39) 2 − 2	(40) 1 − 0

15

Subtract Within 10

Time: ______

Score: ____/ 40

(1) 5 − 5	(2) 8 − 2	(3) 10 − 6	(4) 9 − 7	(5) 4 − 4
(6) 6 − 5	(7) 6 − 1	(8) 5 − 2	(9) 7 − 1	(10) 8 − 0
(11) 7 − 4	(12) 4 − 0	(13) 10 − 10	(14) 5 − 1	(15) 8 − 5
(16) 10 − 2	(17) 10 − 9	(18) 8 − 1	(19) 10 − 7	(20) 6 − 2
(21) 9 − 8	(22) 8 − 8	(23) 7 − 0	(24) 4 − 3	(25) 5 − 3
(26) 7 − 7	(27) 9 − 9	(28) 8 − 7	(29) 5 − 0	(30) 7 − 3
(31) 10 − 3	(32) 9 − 5	(33) 9 − 3	(34) 3 − 3	(35) 0 − 0
(36) 3 − 0	(37) 8 − 3	(38) 6 − 6	(39) 1 − 1	(40) 0 − 0

16

Subtract Within 10

Time: ________

Score: _____/ 40

(1) 4 − 1	(2) 10 − 4	(3) 10 − 2	(4) 9 − 1	(5) 9 − 8
(6) 4 − 2	(7) 10 − 8	(8) 7 − 5	(9) 9 − 3	(10) 7 − 3
(11) 6 − 3	(12) 10 − 5	(13) 10 − 1	(14) 5 − 0	(15) 9 − 0
(16) 8 − 8	(17) 10 − 7	(18) 8 − 4	(19) 10 − 3	(20) 8 − 3
(21) 7 − 1	(22) 9 − 5	(23) 8 − 7	(24) 4 − 4	(25) 9 − 6
(26) 3 − 1	(27) 4 − 3	(28) 4 − 0	(29) 1 − 0	(30) 8 − 6
(31) 7 − 6	(32) 8 − 2	(33) 9 − 4	(34) 8 − 0	(35) 2 − 1
(36) 2 − 0	(37) 3 − 3	(38) 6 − 2	(39) 6 − 1	(40) 6 − 0

17

Subtract Within 10

Time: ________

Score: _____/ 40

① $5 - 2$	② $8 - 1$	③ $10 - 10$	④ $5 - 4$	⑤ $3 - 2$
⑥ $7 - 0$	⑦ $9 - 7$	⑧ $2 - 2$	⑨ $6 - 5$	⑩ $5 - 3$
⑪ $9 - 9$	⑫ $7 - 2$	⑬ $10 - 9$	⑭ $10 - 0$	⑮ $7 - 7$
⑯ $5 - 1$	⑰ $9 - 2$	⑱ $6 - 4$	⑲ $5 - 5$	⑳ $3 - 0$
(21) $10 - 6$	(22) $6 - 6$	(23) $7 - 4$	(24) $8 - 5$	(25) $7 - 3$
(26) $5 - 5$	(27) $10 - 7$	(28) $10 - 1$	(29) $10 - 9$	(30) $2 - 0$
(31) $9 - 3$	(32) $8 - 8$	(33) $10 - 3$	(34) $5 - 0$	(35) $10 - 10$
(36) $3 - 0$	(37) $3 - 3$	(38) $4 - 1$	(39) $0 - 0$	(40) $9 - 0$

18

Subtract Within 10

Time: ________

Score: _____/ 40

(1) $7 - 2$	(2) $9 - 4$	(3) $9 - 7$	(4) $4 - 3$	(5) $4 - 4$
(6) $6 - 1$	(7) $7 - 5$	(8) $8 - 3$	(9) $8 - 5$	(10) $6 - 0$
(11) $9 - 5$	(12) $8 - 0$	(13) $7 - 4$	(14) $3 - 1$	(15) $7 - 7$
(16) $10 - 6$	(17) $9 - 8$	(18) $8 - 1$	(19) $2 - 2$	(20) $4 - 2$
(21) $9 - 1$	(22) $8 - 4$	(23) $7 - 0$	(24) $8 - 7$	(25) $10 - 0$
(26) $7 - 6$	(27) $10 - 4$	(28) $5 - 4$	(29) $6 - 2$	(30) $6 - 5$
(31) $2 - 1$	(32) $4 - 0$	(33) $8 - 2$	(34) $10 - 5$	(35) $1 - 0$
(36) $6 - 6$	(37) $7 - 1$	(38) $1 - 1$	(39) $10 - 2$	(40) $9 - 6$

19

Subtract Within 10

Time: __________

Score: _____/ 40

(1) 8 − 6	(2) 6 − 4	(3) 6 − 3	(4) 5 − 2	(5) 5 − 3
(6) 10 − 8	(7) 3 − 2	(8) 5 − 1	(9) 9 − 2	(10) 9 − 9
(11) 5 − 4	(12) 6 − 0	(13) 7 − 3	(14) 8 − 4	(15) 5 − 5
(16) 8 − 5	(17) 1 − 0	(18) 10 − 0	(19) 6 − 6	(20) 9 − 6
(21) 6 − 1	(22) 7 − 4	(23) 4 − 4	(24) 9 − 4	(25) 9 − 7
(26) 10 − 5	(27) 8 − 2	(28) 9 − 1	(29) 4 − 2	(30) 7 − 5
(31) 5 − 3	(32) 9 − 3	(33) 6 − 3	(34) 10 − 10	(35) 10 − 3
(36) 5 − 0	(37) 6 − 4	(38) 5 − 1	(39) 4 − 0	(40) 1 − 1

20

Subtract Within 10

Time: __________

Score: _____/ 40

(1) 2 − 2	(2) 8 − 7	(3) 9 − 2	(4) 0 − 0	(5) 3 − 3
(6) 10 − 1	(7) 8 − 1	(8) 10 − 9	(9) 8 − 3	(10) 4 − 1
(11) 4 − 3	(12) 9 − 8	(13) 9 − 9	(14) 2 − 1	(15) 2 − 0
(16) 6 − 5	(17) 5 − 2	(18) 7 − 1	(19) 10 − 6	(20) 9 − 0
(21) 9 − 5	(22) 7 − 6	(23) 8 − 6	(24) 7 − 2	(25) 10 − 4
(26) 8 − 0	(27) 8 − 8	(28) 10 − 7	(29) 7 − 0	(30) 3 − 2
(31) 3 − 1	(32) 3 − 0	(33) 10 − 8	(34) 7 − 7	(35) 6 − 2
(36) 10 − 2	(37) 9 − 3	(38) 5 − 4	(39) 9 − 0	(40) 2 − 1

21

Add or Subtract Within 10

Time: ________

Score: _____/ 40

(1) 2 + 4	(2) 5 + 5	(3) 7 − 1	(4) 3 − 3	(5) 1 + 7
(6) 6 − 4	(7) 5 − 4	(8) 9 − 7	(9) 1 + 1	(10) 9 − 5
(11) 3 + 4	(12) 9 − 3	(13) 0 + 6	(14) 4 − 2	(15) 0 + 0
(16) 8 − 4	(17) 4 + 1	(18) 2 + 1	(19) 4 + 3	(20) 10 − 7
(21) 10 − 5	(22) 3 + 6	(23) 10 − 9	(24) 5 − 5	(25) 9 − 2
(26) 4 + 2	(27) 0 + 2	(28) 5 − 3	(29) 5 + 1	(30) 9 − 1
(31) 7 − 6	(32) 4 + 6	(33) 0 + 9	(34) 9 + 1	(35) 6 + 4
(36) 3 + 7	(37) 0 − 0	(38) 4 − 1	(39) 2 + 6	(40) 8 − 0

22

Add or Subtract Within 10

Time: __________

Score: _____/ 40

(1) 3 + 0	(2) 10 − 0	(3) 3 + 1	(4) 2 + 1	(5) 5 − 1
(6) 1 + 9	(7) 10 − 4	(8) 10 − 2	(9) 8 − 6	(10) 0 + 8
(11) 1 + 6	(12) 4 − 3	(13) 1 − 0	(14) 3 + 5	(15) 4 + 4
(16) 10 − 6	(17) 5 − 2	(18) 1 − 1	(19) 4 + 5	(20) 10 − 1
(21) 5 + 4	(22) 7 + 0	(23) 9 − 8	(24) 6 − 5	(25) 0 + 2
(26) 3 + 7	(27) 6 + 4	(28) 1 − 0	(29) 6 + 1	(30) 7 − 3
(31) 8 + 1	(32) 9 − 3	(33) 1 + 2	(34) 10 − 8	(35) 1 + 3
(36) 4 − 2	(37) 8 − 7	(38) 8 − 2	(39) 8 + 0	(40) 7 + 0

23
Add or Subtract Within 10

Time: ________

Score: _____/ 40

(1) 8 − 6	(2) 9 − 4	(3) 2 + 2	(4) 4 + 2	(5) 10 − 0
(6) 3 + 7	(7) 0 + 1	(8) 10 − 1	(9) 1 − 1	(10) 7 − 2
(11) 2 + 0	(12) 0 + 4	(13) 10 − 7	(14) 0 + 5	(15) 9 + 1
(16) 3 + 0	(17) 9 − 9	(18) 0 + 9	(19) 5 − 2	(20) 4 + 3
(21) 7 − 4	(22) 9 − 0	(23) 2 + 4	(24) 4 − 3	(25) 5 + 3
(26) 2 + 6	(27) 3 + 4	(28) 9 − 2	(29) 8 − 8	(30) 5 − 4
(31) 4 + 6	(32) 8 − 1	(33) 0 − 0	(34) 6 + 3	(35) 1 + 9
(36) 5 + 5	(37) 6 − 1	(38) 4 − 1	(39) 10 − 4	(40) 3 + 2

24

Add or Subtract Within 10

Time: ________

Score: _____/ 40

(1) 8 + 2	(2) 9 − 3	(3) 7 − 4	(4) 5 + 4	(5) 8 − 6
(6) 6 − 2	(7) 3 + 1	(8) 7 + 0	(9) 1 + 3	(10) 10 − 3
(11) 2 + 7	(12) 9 − 4	(13) 1 + 8	(14) 7 − 5	(15) 6 + 4
(16) 8 − 1	(17) 5 + 3	(18) 7 + 1	(19) 4 − 3	(20) 0 + 0
(21) 3 − 1	(22) 7 − 7	(23) 8 − 0	(24) 2 + 5	(25) 10 − 1
(26) 10 − 7	(27) 10 − 5	(28) 10 − 6	(29) 2 + 0	(30) 2 + 3
(31) 9 − 9	(32) 5 + 1	(33) 2 + 1	(34) 7 + 3	(35) 7 − 6
(36) 7 + 2	(37) 2 + 6	(38) 7 − 2	(39) 2 + 4	(40) 10 − 4

25

Add or Subtract Within 10

Time: __________

Score: _____/ 40

(1) $3 - 3$	(2) $0 + 1$	(3) $3 + 3$	(4) $8 - 5$	(5) $8 - 8$
(6) $4 + 4$	(7) $2 + 2$	(8) $6 - 3$	(9) $0 + 9$	(10) $0 + 2$
(11) $5 - 5$	(12) $2 + 8$	(13) $9 + 1$	(14) $0 + 3$	(15) $9 - 2$
(16) $1 - 1$	(17) $10 - 9$	(18) $4 - 1$	(19) $4 - 2$	(20) $2 + 3$
(21) $10 - 2$	(22) $6 - 5$	(23) $4 + 4$	(24) $8 + 1$	(25) $9 - 2$
(26) $2 + 8$	(27) $2 - 1$	(28) $3 + 1$	(29) $5 - 3$	(30) $1 + 8$
(31) $2 + 2$	(32) $2 + 2$	(33) $4 - 4$	(34) $0 - 0$	(35) $5 + 4$
(36) $1 + 9$	(37) $7 - 1$	(38) $8 - 8$	(39) $5 - 2$	(40) $8 + 2$

26

Add or Subtract Within 10

Time: ___________

Score: _____/ 40

(1) 1 + 9	(2) 5 − 1	(3) 4 + 1	(4) 6 − 3	(5) 10 − 9
(6) 0 + 10	(7) 4 + 6	(8) 1 + 4	(9) 4 − 2	(10) 8 − 7
(11) 2 + 6	(12) 7 − 7	(13) 8 − 1	(14) 7 − 6	(15) 10 + 0
(16) 5 + 3	(17) 8 − 4	(18) 3 + 5	(19) 6 − 4	(20) 1 + 5
(21) 0 + 10	(22) 0 + 5	(23) 9 − 8	(24) 10 − 3	(25) 10 − 0
(26) 1 − 1	(27) 4 + 5	(28) 3 + 2	(29) 3 + 3	(30) 10 − 8
(31) 2 + 0	(32) 3 − 2	(33) 0 + 0	(34) 8 − 2	(35) 6 + 4
(36) 0 + 2	(37) 2 − 2	(38) 1 + 2	(39) 9 − 7	(40) 9 − 3

27

Add or Subtract Within 10

Time: ________

Score: _____/ 40

① 2 + 2	② 0 + 8	③ 0 + 10	④ 8 − 2	⑤ 0 + 10
⑥ 9 − 1	⑦ 3 + 0	⑧ 4 − 4	⑨ 10 − 4	⑩ 6 + 2
⑪ 4 + 4	⑫ 2 − 1	⑬ 9 − 0	⑭ 6 + 3	⑮ 6 − 4
⑯ 7 − 7	⑰ 6 + 3	⑱ 9 − 2	⑲ 5 + 3	⑳ 9 − 4
(21) 2 + 2	(22) 3 + 5	(23) 8 − 6	(24) 9 − 3	(25) 7 − 1
(26) 9 − 8	(27) 8 − 8	(28) 3 + 1	(29) 1 + 7	(30) 5 + 5
(31) 1 − 0	(32) 5 + 4	(33) 0 − 0	(34) 4 − 3	(35) 1 + 3
(36) 4 + 3	(37) 6 + 4	(38) 7 − 3	(39) 3 + 4	(40) 8 − 7

28

Add or Subtract Within 10

Time: ________

Score: _____/ 40

(1) 0 + 4	(2) 10 − 2	(3) 10 − 6	(4) 5 − 3	(5) 6 − 3
(6) 2 + 6	(7) 0 + 9	(8) 5 − 2	(9) 10 − 1	(10) 10 − 10
(11) 4 + 6	(12) 0 + 1	(13) 1 + 1	(14) 8 − 1	(15) 0 + 7
(16) 10 − 3	(17) 5 − 4	(18) 3 + 7	(19) 6 + 0	(20) 7 − 2
(21) 3 + 3	(22) 6 − 5	(23) 9 + 1	(24) 3 + 5	(25) 6 + 2
(26) 4 − 2	(27) 9 + 0	(28) 3 − 1	(29) 7 + 2	(30) 9 − 2
(31) 6 − 1	(32) 1 − 1	(33) 5 + 5	(34) 10 − 2	(35) 7 + 0
(36) 2 + 7	(37) 8 − 6	(38) 1 + 8	(39) 2 + 3	(40) 8 − 8

29

Add or Subtract Within 10

Time: ________

Score: _____/ 40

(1) 10 − 10	(2) 6 + 0	(3) 3 + 0	(4) 1 + 9	(5) 8 − 7
(6) 10 − 5	(7) 4 + 0	(8) 7 − 5	(9) 4 + 5	(10) 4 + 4
(11) 2 + 5	(12) 2 + 0	(13) 2 − 2	(14) 2 + 4	(15) 8 − 4
(16) 7 − 1	(17) 0 + 4	(18) 9 − 3	(19) 5 − 1	(20) 6 + 4
(21) 1 + 5	(22) 4 − 3	(23) 10 − 3	(24) 4 + 0	(25) 6 + 3
(26) 2 − 1	(27) 10 − 1	(28) 1 + 7	(29) 0 − 0	(30) 5 + 4
(31) 2 + 4	(32) 6 − 3	(33) 0 + 4	(34) 4 − 4	(35) 9 − 7
(36) 1 + 8	(37) 6 − 2	(38) 9 − 9	(39) 9 − 8	(40) 7 + 3

30

Add or Subtract Within 10

Time: ____________

Score: _____/ 40

(1) 0 + 9 =	(2) 2 + 6 =	(3) 9 − 3 =	(4) 8 − 8 =	(5) 3 − 1 =
(6) 3 − 2 =	(7) 7 − 4 =	(8) 3 + 7 =	(9) 10 − 7 =	(10) 3 + 2 =
(11) 4 + 6 =	(12) 10 − 3 =	(13) 7 − 7 =	(14) 3 + 4 =	(15) 1 + 1 =
(16) 4 + 4 =	(17) 8 − 5 =	(18) 4 + 0 =	(19) 4 + 3 =	(20) 5 + 4 =
(21) 1 + 9 =	(22) 5 − 4 =	(23) 3 + 6 =	(24) 7 + 0 =	(25) 2 + 3 =
(26) 7 − 2 =	(27) 9 − 1 =	(28) 9 − 8 =	(29) 2 − 1 =	(30) 1 − 0 =
(31) 3 + 2 =	(32) 1 + 6 =	(33) 10 − 1 =	(34) 0 + 0 =	(35) 9 − 4 =
(36) 5 + 5 =	(37) 3 + 3 =	(38) 8 − 6 =	(39) 8 − 3 =	(40) 4 − 4 =

31

Add or Subtract Within 10

Time: ________

Score: _____/ 40

① $1 + 4$	② $0 + 2$	③ $5 + 2$	④ $1 + 5$	⑤ $0 + 4$
⑥ $8 - 1$	⑦ $9 - 9$	⑧ $0 - 0$	⑨ $4 + 0$	⑩ $6 + 3$
⑪ $8 - 4$	⑫ $3 - 3$	⑬ $6 - 2$	⑭ $7 + 1$	⑮ $10 + 0$
⑯ $2 + 2$	⑰ $2 - 2$	⑱ $9 - 5$	⑲ $4 + 5$	⑳ $7 - 1$
(21) $3 + 1$	(22) $6 - 3$	(23) $9 - 0$	(24) $3 - 3$	(25) $4 - 1$
(26) $3 + 4$	(27) $9 - 9$	(28) $6 - 6$	(29) $2 + 0$	(30) $5 + 4$
(31) $4 + 0$	(32) $1 + 9$	(33) $2 + 5$	(34) $2 - 1$	(35) $10 - 1$
(36) $3 + 6$	(37) $8 - 3$	(38) $7 - 1$	(39) $1 - 1$	(40) $2 + 2$

32

Add or Subtract Within 10

Time: ________

Score: _____/ 40

(1) 2 + 4	(2) 0 + 9	(3) 4 + 4	(4) 5 − 3	(5) 1 + 2
(6) 5 − 4	(7) 6 + 2	(8) 6 − 4	(9) 6 − 5	(10) 3 + 5
(11) 1 + 4	(12) 9 − 2	(13) 2 + 0	(14) 3 − 1	(15) 9 − 5
(16) 6 − 2	(17) 10 − 3	(18) 8 − 0	(19) 4 + 2	(20) 8 − 4
(21) 4 − 2	(22) 6 + 0	(23) 1 + 1	(24) 10 − 2	(25) 9 − 7
(26) 7 − 7	(27) 10 − 4	(28) 0 + 5	(29) 1 + 2	(30) 6 + 3
(31) 9 − 4	(32) 1 + 9	(33) 10 − 6	(34) 9 − 1	(35) 0 + 1
(36) 3 + 3	(37) 9 − 8	(38) 3 + 7	(39) 5 + 5	(40) 2 + 4

33

Add or Subtract Within 10

Time: ___________

Score: _____/ 40

(1) $3 - 2$	(2) $8 + 2$	(3) $4 - 2$	(4) $8 - 5$	(5) $5 - 3$
(6) $9 - 1$	(7) $3 + 3$	(8) $9 - 3$	(9) $5 - 2$	(10) $0 + 7$
(11) $8 + 2$	(12) $7 + 2$	(13) $10 - 9$	(14) $6 - 5$	(15) $1 + 1$
(16) $6 - 4$	(17) $2 + 6$	(18) $2 + 0$	(19) $7 + 1$	(20) $8 - 2$
(21) $7 - 2$	(22) $3 + 5$	(23) $7 - 1$	(24) $7 - 7$	(25) $3 + 7$
(26) $9 - 7$	(27) $4 + 6$	(28) $7 - 5$	(29) $6 + 4$	(30) $5 + 4$
(31) $1 + 8$	(32) $3 + 0$	(33) $7 + 0$	(34) $6 - 2$	(35) $10 - 10$
(36) $5 + 2$	(37) $5 + 1$	(38) $3 + 1$	(39) $8 - 8$	(40) $5 - 4$

34

Add or Subtract Within 10

Time: __________

Score: _____/ 40

(1) $2 + 7$	(2) $7 + 2$	(3) $10 - 6$	(4) $10 - 4$	(5) $4 + 2$
(6) $8 - 7$	(7) $7 - 3$	(8) $7 - 4$	(9) $1 + 9$	(10) $4 + 3$
(11) $1 + 7$	(12) $4 - 1$	(13) $9 - 0$	(14) $0 + 0$	(15) $10 - 1$
(16) $5 - 5$	(17) $10 - 2$	(18) $0 + 4$	(19) $10 - 8$	(20) $6 + 2$
(21) $0 + 6$	(22) $9 + 1$	(23) $0 + 0$	(24) $0 + 1$	(25) $1 + 1$
(26) $5 - 1$	(27) $9 - 2$	(28) $4 + 6$	(29) $5 - 3$	(30) $1 + 5$
(31) $5 - 2$	(32) $10 - 5$	(33) $4 - 4$	(34) $8 + 2$	(35) $1 - 1$
(36) $3 - 3$	(37) $10 - 9$	(38) $6 + 2$	(39) $8 + 0$	(40) $0 + 8$

35

Add or Subtract Within 10

Time: ________

Score: _____/ 40

① 6 + 3	② 8 − 7	③ 3 + 1	④ 9 − 3	⑤ 6 − 6
⑥ 7 − 6	⑦ 5 − 4	⑧ 5 + 4	⑨ 2 + 5	⑩ 2 − 1
⑪ 9 − 6	⑫ 7 − 3	⑬ 7 + 1	⑭ 6 + 0	⑮ 5 + 1
⑯ 0 + 4	⑰ 4 + 0	⑱ 7 − 2	⑲ 0 − 0	⑳ 3 + 6
(21) 4 + 4	(22) 4 + 4	(23) 9 − 0	(24) 3 − 1	(25) 4 + 5
(26) 1 + 3	(27) 4 + 4	(28) 7 − 1	(29) 5 − 5	(30) 6 − 3
(31) 3 + 0	(32) 0 + 6	(33) 6 + 4	(34) 10 − 4	(35) 9 − 8
(36) 10 − 8	(37) 8 − 4	(38) 0 + 5	(39) 6 − 5	(40) 8 + 1

36

Add or Subtract Within 10

Time: __________

Score: _____/ 40

(1) 2 + 8	(2) 4 + 5	(3) 9 − 7	(4) 0 + 6	(5) 4 + 3
(6) 7 − 6	(7) 4 + 4	(8) 9 − 9	(9) 4 + 6	(10) 10 − 5
(11) 1 + 6	(12) 8 − 5	(13) 1 − 1	(14) 6 + 2	(15) 5 − 3
(16) 9 − 6	(17) 7 − 1	(18) 10 − 3	(19) 0 + 4	(20) 9 − 8
(21) 6 − 5	(22) 7 − 5	(23) 9 − 1	(24) 4 + 3	(25) 8 − 8
(26) 5 + 1	(27) 4 + 4	(28) 5 − 1	(29) 5 + 2	(30) 10 − 10
(31) 0 + 0	(32) 7 − 4	(33) 8 + 2	(34) 3 + 7	(35) 2 − 1
(36) 3 + 5	(37) 5 + 4	(38) 10 − 1	(39) 3 + 4	(40) 0 + 2

37
Add or Subtract Within 10

Time: ________

Score: _____/ 40

(1) 2 + 3	(2) 7 + 2	(3) 8 − 2	(4) 1 + 3	(5) 10 − 7
(6) 6 − 2	(7) 1 + 5	(8) 6 − 1	(9) 8 − 7	(10) 2 + 5
(11) 3 + 3	(12) 6 + 0	(13) 3 − 2	(14) 10 − 0	(15) 0 − 0
(16) 0 + 6	(17) 10 − 2	(18) 8 − 4	(19) 9 − 3	(20) 9 − 0
(21) 8 − 3	(22) 3 + 7	(23) 10 − 1	(24) 8 − 2	(25) 2 + 7
(26) 0 + 2	(27) 3 + 6	(28) 8 − 0	(29) 3 − 3	(30) 3 + 5
(31) 6 + 0	(32) 1 + 9	(33) 4 − 4	(34) 9 − 0	(35) 5 − 4
(36) 2 + 1	(37) 7 + 1	(38) 2 + 3	(39) 1 + 5	(40) 0 + 0

38
Add or Subtract Within 10

Time: ________

Score: _____/ 40

(1) 5 − 5	(2) 3 + 1	(3) 9 − 8	(4) 6 + 0	(5) 8 − 8
(6) 0 + 4	(7) 8 − 1	(8) 4 − 2	(9) 0 + 5	(10) 6 + 2
(11) 10 − 8	(12) 7 − 5	(13) 2 − 1	(14) 9 + 1	(15) 6 − 1
(16) 6 + 3	(17) 0 + 9	(18) 3 + 0	(19) 6 − 6	(20) 0 + 10
(21) 6 − 4	(22) 1 + 8	(23) 7 + 1	(24) 7 − 3	(25) 9 − 3
(26) 10 + 0	(27) 7 − 4	(28) 1 + 3	(29) 10 − 3	(30) 7 + 2
(31) 0 + 6	(32) 1 + 1	(33) 4 − 3	(34) 5 − 3	(35) 5 − 1
(36) 7 − 6	(37) 6 − 2	(38) 4 + 6	(39) 5 + 3	(40) 0 + 10

39

Add or Subtract Within 10

Time: __________

Score: _____/ 40

① $7 - 4$	② $2 + 1$	③ $0 + 2$	④ $8 - 4$	⑤ $0 + 1$
⑥ $9 - 8$	⑦ $8 - 3$	⑧ $1 + 2$	⑨ $4 + 5$	⑩ $4 + 3$
⑪ $2 + 2$	⑫ $3 + 3$	⑬ $1 + 4$	⑭ $4 + 6$	⑮ $2 - 2$
⑯ $8 + 2$	⑰ $7 - 1$	⑱ $3 + 1$	⑲ $2 - 1$	⑳ $3 + 4$
21 $2 + 0$	22 $4 - 1$	23 $5 - 3$	24 $9 - 6$	25 $6 + 2$
26 $8 - 6$	27 $1 + 3$	28 $4 - 4$	29 $5 - 5$	30 $6 - 3$
31 $9 - 1$	32 $6 - 1$	33 $4 - 3$	34 $4 - 2$	35 $6 + 4$
36 $1 + 6$	37 $7 - 6$	38 $3 + 5$	39 $10 - 2$	40 $4 + 4$

40

Add or Subtract Within 10

Time: ________

Score: _____/ 40

① 5 − 1	② 0 + 6	③ 1 + 5	④ 2 + 8	⑤ 1 + 6
⑥ 7 − 2	⑦ 6 − 4	⑧ 7 − 5	⑨ 9 − 3	⑩ 9 + 1
⑪ 9 − 2	⑫ 0 − 0	⑬ 0 + 7	⑭ 0 + 9	⑮ 2 + 5
⑯ 6 + 1	⑰ 10 − 0	⑱ 10 − 4	⑲ 5 + 3	⑳ 8 − 5
(21) 6 + 1	(22) 3 + 2	(23) 1 + 7	(24) 4 − 4	(25) 5 − 1
(26) 9 − 7	(27) 8 − 8	(28) 9 − 9	(29) 0 + 4	(30) 1 + 6
(31) 10 − 4	(32) 6 + 0	(33) 6 − 4	(34) 2 + 8	(35) 6 + 2
(36) 7 − 2	(37) 4 − 1	(38) 5 − 3	(39) 7 + 3	(40) 2 + 6

41

Add Within 20

Time: ________

Score: _____/ 40

(1) 3 + 13	(2) 14 + 2	(3) 3 + 5	(4) 13 + 2	(5) 4 + 16
(6) 12 + 5	(7) 10 + 2	(8) 16 + 3	(9) 15 + 3	(10) 1 + 16
(11) 10 + 5	(12) 3 + 16	(13) 4 + 3	(14) 5 + 9	(15) 2 + 8
(16) 4 + 11	(17) 15 + 2	(18) 16 + 3	(19) 3 + 4	(20) 5 + 1
(21) 16 + 4	(22) 3 + 3	(23) 1 + 1	(24) 10 + 6	(25) 16 + 1
(26) 3 + 11	(27) 11 + 4	(28) 5 + 3	(29) 3 + 16	(30) 12 + 8
(31) 8 + 5	(32) 15 + 0	(33) 8 + 9	(34) 9 + 6	(35) 13 + 1
(36) 4 + 9	(37) 6 + 10	(38) 8 + 2	(39) 14 + 5	(40) 5 + 8

42

Add Within 20

Time: __________

Score: _____/ 40

① 7 + 11	② 1 + 6	③ 2 + 7	④ 3 + 8	⑤ 9 + 7
⑥ 12 + 4	⑦ 4 + 6	⑧ 19 + 0	⑨ 3 + 15	⑩ 16 + 4
⑪ 9 + 11	⑫ 1 + 4	⑬ 5 + 12	⑭ 1 + 9	⑮ 15 + 1
⑯ 3 + 17	⑰ 4 + 8	⑱ 12 + 2	⑲ 4 + 10	⑳ 7 + 4
(21) 13 + 3	(22) 11 + 1	(23) 6 + 9	(24) 7 + 2	(25) 17 + 2
(26) 4 + 12	(27) 2 + 7	(28) 7 + 8	(29) 8 + 3	(30) 9 + 10
(31) 10 + 8	(32) 9 + 8	(33) 13 + 0	(34) 8 + 4	(35) 5 + 5
(36) 0 + 19	(37) 2 + 0	(38) 5 + 7	(39) 8 + 11	(40) 2 + 9

43

Add Within 20

Time: ___________

Score: _____/ 40

(1) 9 + 1	(2) 11 + 5	(3) 5 + 13	(4) 12 + 7	(5) 9 + 3
(6) 13 + 7	(7) 14 + 4	(8) 2 + 12	(9) 7 + 7	(10) 12 + 1
(11) 3 + 0	(12) 17 + 1	(13) 1 + 13	(14) 10 + 10	(15) 11 + 7
(16) 1 + 14	(17) 14 + 3	(18) 14 + 1	(19) 3 + 14	(20) 1 + 14
(21) 9 + 9	(22) 9 + 4	(23) 6 + 14	(24) 4 + 14	(25) 15 + 5
(26) 7 + 12	(27) 1 + 18	(28) 2 + 1	(29) 2 + 2	(30) 17 + 3
(31) 2 + 16	(32) 2 + 4	(33) 2 + 14	(34) 1 + 12	(35) 8 + 12
(36) 5 + 10	(37) 1 + 8	(38) 2 + 15	(39) 14 + 2	(40) 12 + 2

44

Add Within 20

Time: __________

Score: _____/ 40

(1) 2 + 13	(2) 15 + 4	(3) 13 + 5	(4) 18 + 0	(5) 3 + 1
(6) 2 + 18	(7) 1 + 17	(8) 1 + 15	(9) 3 + 12	(10) 1 + 2
(11) 1 + 11	(12) 13 + 2	(13) 5 + 2	(14) 14 + 0	(15) 9 + 2
(16) 1 + 7	(17) 2 + 17	(18) 11 + 6	(19) 10 + 4	(20) 4 + 10
(21) 4 + 15	(22) 3 + 7	(23) 11 + 2	(24) 8 + 1	(25) 1 + 3
(26) 10 + 7	(27) 19 + 1	(28) 11 + 9	(29) 6 + 13	(30) 17 + 0
(31) 11 + 3	(32) 7 + 3	(33) 5 + 11	(34) 4 + 7	(35) 4 + 1
(36) 7 + 9	(37) 2 + 5	(38) 1 + 19	(39) 18 + 2	(40) 11 + 8

45

Add Within 20

Time: ____________

Score: _____/ 40

(1) 4 + 5	(2) 13 + 6	(3) 5 + 0	(4) 1 + 10	(5) 6 + 11
(6) 7 + 1	(7) 6 + 13	(8) 3 + 6	(9) 9 + 5	(10) 6 + 3
(11) 3 + 14	(12) 2 + 11	(13) 10 + 1	(14) 6 + 12	(15) 3 + 10
(16) 1 + 19	(17) 1 + 5	(18) 14 + 1	(19) 6 + 7	(20) 5 + 15
(21) 6 + 5	(22) 2 + 6	(23) 12 + 6	(24) 3 + 9	(25) 4 + 0
(26) 2 + 3	(27) 3 + 2	(28) 10 + 3	(29) 6 + 12	(30) 6 + 1
(31) 12 + 3	(32) 7 + 6	(33) 7 + 13	(34) 14 + 3	(35) 10 + 9
(36) 14 + 6	(37) 1 + 6	(38) 13 + 4	(39) 8 + 8	(40) 6 + 2

46

Add Within 20

Time: ________

Score: _____/ 40

(1) 4 + 3	(2) 4 + 7	(3) 7 + 8	(4) 13 + 7	(5) 5 + 8
(6) 14 + 5	(7) 2 + 8	(8) 4 + 2	(9) 3 + 15	(10) 5 + 11
(11) 5 + 5	(12) 2 + 1	(13) 11 + 8	(14) 3 + 4	(15) 10 + 5
(16) 5 + 2	(17) 5 + 14	(18) 8 + 2	(19) 7 + 4	(20) 7 + 10
(21) 4 + 4	(22) 5 + 10	(23) 5 + 6	(24) 10 + 2	(25) 14 + 5
(26) 10 + 7	(27) 2 + 15	(28) 6 + 10	(29) 7 + 11	(30) 6 + 11
(31) 2 + 4	(32) 6 + 2	(33) 9 + 10	(34) 1 + 9	(35) 2 + 13
(36) 6 + 5	(37) 4 + 7	(38) 10 + 4	(39) 13 + 2	(40) 4 + 3

47

Add Within 20

Time: ________

Score: _____/ 40

1. 13 + 5
2. 1 + 4
3. 10 + 8
4. 2 + 9
5. 2 + 10
6. 12 + 8
7. 1 + 8
8. 14 + 0
9. 3 + 11
10. 7 + 7
11. 11 + 2
12. 3 + 7
13. 15 + 0
14. 12 + 2
15. 3 + 12
16. 5 + 15
17. 2 + 11
18. 1 + 5
19. 10 + 9
20. 6 + 12
21. 9 + 8
22. 16 + 4
23. 2 + 12
24. 14 + 4
25. 4 + 1
26. 5 + 3
27. 8 + 3
28. 2 + 2
29. 13 + 2
30. 1 + 12
31. 3 + 2
32. 4 + 11
33. 3 + 0
34. 3 + 1
35. 2 + 13
36. 7 + 3
37. 3 + 7
38. 1 + 15
39. 10 + 2
40. 8 + 11

48

Add Within 20

Time: ________

Score: _____/ 40

(1) 1 + 17	(2) 6 + 13	(3) 8 + 7	(4) 7 + 3	(5) 11 + 6
(6) 1 + 11	(7) 5 + 7	(8) 4 + 16	(9) 5 + 4	(10) 14 + 3
(11) 2 + 6	(12) 1 + 7	(13) 15 + 4	(14) 3 + 3	(15) 15 + 1
(16) 2 + 14	(17) 8 + 5	(18) 3 + 14	(19) 8 + 9	(20) 9 + 6
(21) 7 + 2	(22) 13 + 6	(23) 6 + 3	(24) 4 + 5	(25) 10 + 10
(26) 10 + 6	(27) 7 + 5	(28) 6 + 10	(29) 5 + 1	(30) 5 + 7
(31) 7 + 12	(32) 7 + 8	(33) 7 + 1	(34) 4 + 10	(35) 8 + 8
(36) 11 + 7	(37) 3 + 4	(38) 10 + 3	(39) 8 + 7	(40) 7 + 5

49

Add Within 20

Time: __________

Score: _____/ 40

① 3 + 13	② 10 + 1	③ 2 + 18	④ 6 + 14	⑤ 3 + 10
⑥ 3 + 5	⑦ 1 + 6	⑧ 18 + 2	⑨ 4 + 15	⑩ 1 + 14
⑪ 2 + 18	⑫ 6 + 7	⑬ 6 + 9	⑭ 4 + 0	⑮ 10 + 3
⑯ 18 + 2	⑰ 15 + 2	⑱ 1 + 10	⑲ 5 + 12	⑳ 9 + 11
(21) 9 + 9	(22) 9 + 7	(23) 9 + 3	(24) 11 + 9	(25) 9 + 1
(26) 11 + 5	(27) 4 + 5	(28) 3 + 10	(29) 13 + 3	(30) 2 + 5
(31) 17 + 1	(32) 5 + 9	(33) 6 + 6	(34) 17 + 0	(35) 3 + 9
(36) 12 + 7	(37) 7 + 6	(38) 8 + 10	(39) 9 + 4	(40) 17 + 3

50

Add Within 20

Time: ________

Score: _____/ 40

① $2 + 0$	② $3 + 17$	③ $9 + 5$	④ $4 + 9$	⑤ $15 + 3$
⑥ $11 + 3$	⑦ $8 + 2$	⑧ $19 + 0$	⑨ $2 + 8$	⑩ $17 + 2$
⑪ $4 + 6$	⑫ $1 + 3$	⑬ $6 + 1$	⑭ $1 + 2$	⑮ $5 + 10$
⑯ $12 + 5$	⑰ $2 + 3$	⑱ $16 + 2$	⑲ $8 + 12$	⑳ $5 + 0$
(21) $2 + 16$	(22) $2 + 7$	(23) $14 + 6$	(24) $15 + 5$	(25) $1 + 1$
(26) $7 + 13$	(27) $3 + 16$	(28) $11 + 4$	(29) $16 + 1$	(30) $9 + 2$
(31) $14 + 2$	(32) $12 + 3$	(33) $16 + 3$	(34) $6 + 4$	(35) $5 + 13$
(36) $11 + 1$	(37) $3 + 8$	(38) $2 + 17$	(39) $7 + 9$	(40) $10 + 5$

51

Add Within 20

Time: ________

Score: _____/ 40

(1) 13 + 1	(2) 10 + 8	(3) 8 + 1	(4) 10 + 3	(5) 6 + 11
(6) 8 + 10	(7) 2 + 1	(8) 1 + 13	(9) 4 + 15	(10) 3 + 1
(11) 11 + 9	(12) 8 + 7	(13) 3 + 10	(14) 1 + 4	(15) 4 + 11
(16) 1 + 11	(17) 11 + 8	(18) 2 + 16	(19) 1 + 15	(20) 7 + 8
(21) 3 + 3	(22) 16 + 2	(23) 5 + 4	(24) 2 + 16	(25) 10 + 3
(26) 7 + 12	(27) 16 + 1	(28) 9 + 4	(29) 8 + 6	(30) 6 + 2
(31) 4 + 1	(32) 6 + 14	(33) 17 + 2	(34) 8 + 7	(35) 9 + 6
(36) 13 + 1	(37) 4 + 6	(38) 1 + 8	(39) 10 + 6	(40) 6 + 4

52

Add Within 20

Time: __________

Score: _____/ 40

① 19 + 0	② 19 + 1	③ 2 + 7	④ 6 + 3	⑤ 7 + 2
⑥ 13 + 5	⑦ 15 + 3	⑧ 5 + 3	⑨ 15 + 5	⑩ 1 + 18
⑪ 14 + 4	⑫ 10 + 5	⑬ 5 + 1	⑭ 13 + 6	⑮ 9 + 11
⑯ 7 + 1	⑰ 16 + 4	⑱ 2 + 7	⑲ 9 + 8	⑳ 3 + 6
(21) 18 + 1	(22) 12 + 8	(23) 1 + 17	(24) 12 + 3	(25) 10 + 9
(26) 8 + 8	(27) 6 + 3	(28) 7 + 7	(29) 3 + 7	(30) 9 + 10
(31) 17 + 1	(32) 6 + 1	(33) 5 + 15	(34) 1 + 6	(35) 1 + 16
(36) 4 + 0	(37) 11 + 4	(38) 3 + 12	(39) 2 + 9	(40) 15 + 0

53

Add Within 20

Time: ___________

Score: _____/ 40

(1) 1 + 7	(2) 2 + 15	(3) 13 + 2	(4) 12 + 4	(5) 2 + 14
(6) 6 + 12	(7) 4 + 9	(8) 2 + 12	(9) 4 + 7	(10) 14 + 2
(11) 8 + 12	(12) 9 + 3	(13) 4 + 16	(14) 2 + 2	(15) 15 + 2
(16) 12 + 2	(17) 13 + 0	(18) 4 + 14	(19) 9 + 9	(20) 5 + 13
(21) 4 + 5	(22) 1 + 14	(23) 0 + 13	(24) 1 + 1	(25) 7 + 9
(26) 2 + 17	(27) 14 + 4	(28) 9 + 1	(29) 7 + 13	(30) 5 + 0
(31) 3 + 14	(32) 3 + 13	(33) 3 + 6	(34) 5 + 9	(35) 3 + 5
(36) 3 + 16	(37) 12 + 6	(38) 10 + 10	(39) 12 + 7	(40) 8 + 11

54

Add Within 20

Time: ________

Score: _____/ 40

(1) $15 + 1$	(2) $1 + 3$	(3) $5 + 11$	(4) $15 + 4$	(5) $11 + 6$
(6) $1 + 10$	(7) $2 + 6$	(8) $2 + 3$	(9) $2 + 11$	(10) $18 + 2$
(11) $3 + 12$	(12) $2 + 5$	(13) $12 + 3$	(14) $7 + 10$	(15) $10 + 2$
(16) $12 + 5$	(17) $5 + 5$	(18) $13 + 3$	(19) $3 + 9$	(20) $4 + 12$
(21) $7 + 4$	(22) $2 + 10$	(23) $11 + 2$	(24) $4 + 8$	(25) $8 + 4$
(26) $6 + 6$	(27) $3 + 11$	(28) $8 + 3$	(29) $1 + 12$	(30) $5 + 14$
(31) $11 + 7$	(32) $2 + 0$	(33) $9 + 7$	(34) $10 + 1$	(35) $18 + 0$
(36) $4 + 13$	(37) $10 + 7$	(38) $17 + 0$	(39) $3 + 15$	(40) $11 + 5$

55

Add Within 20

Time: ____________

Score: ______/ 40

(1) 1 + 2	(2) 13 + 4	(3) 6 + 5	(4) 1 + 5	(5) 1 + 6
(6) 6 + 9	(7) 12 + 1	(8) 14 + 5	(9) 3 + 2	(10) 14 + 6
(11) 2 + 10	(12) 5 + 7	(13) 3 + 17	(14) 14 + 0	(15) 7 + 11
(16) 11 + 1	(17) 2 + 18	(18) 13 + 7	(19) 5 + 2	(20) 5 + 12
(21) 18 + 2	(22) 1 + 8	(23) 6 + 1	(24) 16 + 2	(25) 8 + 10
(26) 5 + 6	(27) 9 + 2	(28) 11 + 3	(29) 2 + 16	(30) 16 + 2
(31) 9 + 5	(32) 17 + 3	(33) 7 + 5	(34) 5 + 10	(35) 1 + 9
(36) 8 + 9	(37) 2 + 18	(38) 3 + 0	(39) 3 + 8	(40) 5 + 7

56

Add Within 20

Time: ____________

Score: _____/ 40

(1) 7 + 12	(2) 15 + 2	(3) 3 + 13	(4) 2 + 7	(5) 5 + 5
(6) 5 + 8	(7) 7 + 2	(8) 19 + 0	(9) 9 + 7	(10) 13 + 6
(11) 12 + 7	(12) 10 + 4	(13) 1 + 8	(14) 7 + 5	(15) 2 + 8
(16) 5 + 12	(17) 6 + 4	(18) 2 + 7	(19) 2 + 14	(20) 0 + 19
(21) 5 + 11	(22) 5 + 6	(23) 15 + 0	(24) 6 + 10	(25) 9 + 5
(26) 1 + 5	(27) 7 + 11	(28) 11 + 9	(29) 3 + 0	(30) 8 + 9
(31) 3 + 3	(32) 3 + 10	(33) 14 + 5	(34) 8 + 1	(35) 3 + 5
(36) 7 + 2	(37) 6 + 2	(38) 4 + 2	(39) 10 + 7	(40) 8 + 6

57

Subtract Within 20

Time: __________

Score: _____/ 40

(1) 9 − 1	(2) 18 − 4	(3) 6 − 3	(4) 15 − 7	(5) 12 − 9
(6) 4 − 4	(7) 16 − 16	(8) 12 − 7	(9) 17 − 3	(10) 19 − 9
(11) 5 − 5	(12) 10 − 10	(13) 17 − 1	(14) 17 − 16	(15) 6 − 6
(16) 3 − 3	(17) 7 − 2	(18) 19 − 2	(19) 17 − 15	(20) 20 − 18
(21) 16 − 11	(22) 6 − 1	(23) 4 − 2	(24) 19 − 17	(25) 19 − 13
(26) 13 − 4	(27) 11 − 11	(28) 20 − 19	(29) 17 − 9	(30) 9 − 2
(31) 3 − 1	(32) 15 − 14	(33) 20 − 20	(34) 13 − 10	(35) 4 − 1
(36) 17 − 2	(37) 15 − 8	(38) 7 − 7	(39) 12 − 3	(40) 1 − 1

58

Subtract Within 20

Time: __________

Score: _____/ 40

① 19 − 4	② 17 − 6	③ 7 − 5	④ 19 − 3	⑤ 9 − 8
⑥ 15 − 10	⑦ 5 − 3	⑧ 13 − 13	⑨ 11 − 1	⑩ 16 − 6
⑪ 19 − 8	⑫ 8 − 8	⑬ 16 − 9	⑭ 16 − 0	⑮ 9 − 7
⑯ 17 − 10	⑰ 20 − 12	⑱ 6 − 0	⑲ 10 − 1	⑳ 9 − 5
(21) 17 − 12	(22) 15 − 11	(23) 7 − 6	(24) 15 − 6	(25) 20 − 14
(26) 17 − 4	(27) 17 − 17	(28) 8 − 2	(29) 5 − 2	(30) 9 − 6
(31) 16 − 7	(32) 7 − 3	(33) 16 − 5	(34) 13 − 6	(35) 14 − 7
(36) 12 − 12	(37) 19 − 1	(38) 0 − 0	(39) 14 − 13	(40) 14 − 8

59

Subtract Within 20

Time: ________

Score: _____/ 40

(1) 20 − 8	(2) 15 − 5	(3) 10 − 2	(4) 17 − 14	(5) 20 − 9
(6) 19 − 10	(7) 8 − 3	(8) 17 − 13	(9) 10 − 9	(10) 18 − 8
(11) 11 − 5	(12) 14 − 14	(13) 16 − 4	(14) 18 − 2	(15) 15 − 3
(16) 2 − 1	(17) 16 − 12	(18) 19 − 7	(19) 15 − 4	(20) 11 − 6
(21) 14 − 1	(22) 20 − 7	(23) 12 − 8	(24) 16 − 3	(25) 10 − 7
(26) 18 − 10	(27) 16 − 8	(28) 13 − 12	(29) 18 − 5	(30) 10 − 3
(31) 10 − 4	(32) 20 − 3	(33) 19 − 6	(34) 13 − 8	(35) 5 − 1
(36) 19 − 5	(37) 15 − 1	(38) 18 − 16	(39) 11 − 7	(40) 9 − 9

60

Subtract Within 20

Time: ___________

Score: _____/ 40

(1) 8 − 5	(2) 4 − 3	(3) 11 − 4	(4) 12 − 6	(5) 4 − 0
(6) 11 − 8	(7) 12 − 0	(8) 15 − 12	(9) 7 − 0	(10) 14 − 9
(11) 12 − 10	(12) 8 − 6	(13) 8 − 4	(14) 15 − 15	(15) 14 − 5
(16) 18 − 18	(17) 5 − 4	(18) 11 − 2	(19) 17 − 8	(20) 12 − 1
(21) 16 − 15	(22) 19 − 19	(23) 18 − 1	(24) 18 − 15	(25) 16 − 14
(26) 3 − 2	(27) 14 − 11	(28) 8 − 7	(29) 9 − 3	(30) 13 − 9
(31) 20 − 16	(32) 19 − 16	(33) 7 − 1	(34) 19 − 11	(35) 20 − 10
(36) 19 − 18	(37) 20 − 4	(38) 17 − 5	(39) 18 − 6	(40) 14 − 4

61

Subtract Within 20

Time: ________

Score: _____/ 40

(1) $18 - 11$	(2) $14 - 3$	(3) $6 - 5$	(4) $10 - 6$	(5) $17 - 7$
(6) $15 - 0$	(7) $20 - 11$	(8) $11 - 9$	(9) $11 - 0$	(10) $20 - 2$
(11) $12 - 11$	(12) $13 - 2$	(13) $19 - 12$	(14) $16 - 2$	(15) $14 - 12$
(16) $19 - 15$	(17) $20 - 5$	(18) $15 - 2$	(19) $13 - 11$	(20) $13 - 3$
(21) $19 - 0$	(22) $20 - 13$	(23) $12 - 2$	(24) $18 - 14$	(25) $14 - 6$
(26) $17 - 11$	(27) $14 - 2$	(28) $16 - 1$	(29) $9 - 4$	(30) $19 - 14$
(31) $11 - 3$	(32) $8 - 1$	(33) $15 - 13$	(34) $20 - 15$	(35) $12 - 5$
(36) $13 - 1$	(37) $20 - 17$	(38) $18 - 12$	(39) $18 - 9$	(40) $15 - 9$

62

Subtract Within 20

Time: ___________

Score: _____/ 40

① 13 − 5	② 18 − 17	③ 13 − 7	④ 11 − 10	⑤ 12 − 4
⑥ 16 − 10	⑦ 2 − 2	⑧ 18 − 3	⑨ 7 − 4	⑩ 1 − 0
⑪ 20 − 1	⑫ 18 − 7	⑬ 6 − 2	⑭ 10 − 5	⑮ 6 − 4
⑯ 16 − 13	⑰ 18 − 13	⑱ 9 − 0	⑲ 10 − 8	⑳ 20 − 6
(21) 14 − 10	(22) 19 − 2	(23) 17 − 2	(24) 14 − 6	(25) 9 − 8
(26) 13 − 8	(27) 17 − 16	(28) 6 − 3	(29) 9 − 0	(30) 18 − 4
(31) 20 − 2	(32) 14 − 9	(33) 7 − 0	(34) 14 − 7	(35) 12 − 8
(36) 9 − 1	(37) 13 − 2	(38) 6 − 5	(39) 12 − 0	(40) 10 − 7

63

Subtract Within 20

Time: ________

Score: _____/ 40

(1) 16 − 12	(2) 17 − 7	(3) 14 − 10	(4) 20 − 9	(5) 13 − 1
(6) 16 − 9	(7) 17 − 11	(8) 15 − 14	(9) 16 − 2	(10) 15 − 1
(11) 13 − 4	(12) 8 − 2	(13) 14 − 4	(14) 19 − 13	(15) 0 − 0
(16) 7 − 4	(17) 18 − 18	(18) 14 − 13	(19) 18 − 8	(20) 15 − 6
(21) 11 − 2	(22) 16 − 3	(23) 11 − 1	(24) 20 − 19	(25) 13 − 9
(26) 16 − 4	(27) 18 − 13	(28) 9 − 5	(29) 4 − 4	(30) 11 − 10
(31) 6 − 1	(32) 10 − 9	(33) 16 − 13	(34) 5 − 4	(35) 18 − 14
(36) 16 − 10	(37) 12 − 7	(38) 19 − 7	(39) 8 − 8	(40) 8 − 3

64

Subtract Within 20

Time: __________

Score: _____/ 40

(1) 5 − 1	(2) 20 − 7	(3) 15 − 8	(4) 16 − 14	(5) 17 − 13
(6) 10 − 2	(7) 20 − 10	(8) 12 − 4	(9) 8 − 5	(10) 19 − 0
(11) 18 − 12	(12) 7 − 1	(13) 19 − 3	(14) 14 − 1	(15) 20 − 13
(16) 17 − 10	(17) 15 − 12	(18) 16 − 16	(19) 5 − 3	(20) 9 − 6
(21) 12 − 2	(22) 2 − 1	(23) 10 − 8	(24) 19 − 19	(25) 13 − 7
(26) 13 − 3	(27) 13 − 13	(28) 19 − 5	(29) 16 − 1	(30) 20 − 12
(31) 18 − 17	(32) 17 − 15	(33) 11 − 11	(34) 13 − 6	(35) 15 − 7
(36) 20 − 1	(37) 11 − 5	(38) 16 − 15	(39) 10 − 10	(40) 8 − 4

65

Subtract Within 20

Time: ________

Score: _____/ 40

(1) 18 − 5	(2) 3 − 3	(3) 6 − 4	(4) 10 − 5	(5) 17 − 17
(6) 11 − 7	(7) 7 − 7	(8) 15 − 13	(9) 19 − 16	(10) 20 − 5
(11) 20 − 6	(12) 14 − 2	(13) 16 − 8	(14) 17 − 9	(15) 20 − 16
(16) 11 − 8	(17) 2 − 2	(18) 3 − 2	(19) 20 − 11	(20) 4 − 2
(21) 16 − 11	(22) 12 − 9	(23) 19 − 11	(24) 14 − 12	(25) 19 − 17
(26) 6 − 6	(27) 4 − 0	(28) 19 − 12	(29) 10 − 1	(30) 11 − 3
(31) 9 − 3	(32) 15 − 11	(33) 7 − 5	(34) 13 − 10	(35) 17 − 1
(36) 19 − 1	(37) 11 − 6	(38) 17 − 8	(39) 17 − 4	(40) 6 − 2

66

Subtract Within 20

Time: ________

Score: _____/ 40

① 17 − 14	② 5 − 2	③ 11 − 0	④ 19 − 6	⑤ 18 − 1
⑥ 12 − 3	⑦ 10 − 3	⑧ 19 − 14	⑨ 8 − 1	⑩ 8 − 6
⑪ 12 − 5	⑫ 9 − 7	⑬ 9 − 4	⑭ 15 − 0	⑮ 19 − 15
⑯ 13 − 11	⑰ 18 − 10	⑱ 14 − 8	⑲ 15 − 5	⑳ 20 − 14
(21) 7 − 3	(22) 11 − 9	(23) 18 − 6	(24) 20 − 4	(25) 7 − 2
(26) 14 − 5	(27) 12 − 10	(28) 12 − 6	(29) 18 − 3	(30) 15 − 15
(31) 18 − 11	(32) 20 − 18	(33) 10 − 4	(34) 6 − 0	(35) 16 − 7
(36) 18 − 2	(37) 7 − 6	(38) 3 − 1	(39) 15 − 10	(40) 19 − 8

67

Subtract Within 20

Time: __________

Score: _____/ 40

(1) 15 − 4	(2) 1 − 0	(3) 15 − 9	(4) 20 − 8	(5) 19 − 18
(6) 19 − 9	(7) 12 − 11	(8) 20 − 17	(9) 5 − 5	(10) 15 − 3
(11) 8 − 7	(12) 12 − 1	(13) 4 − 1	(14) 15 − 2	(15) 14 − 14
(16) 10 − 6	(17) 9 − 2	(18) 14 − 11	(19) 16 − 6	(20) 19 − 4
(21) 18 − 15	(22) 11 − 4	(23) 20 − 15	(24) 17 − 12	(25) 18 − 16
(26) 18 − 7	(27) 1 − 1	(28) 20 − 3	(29) 17 − 3	(30) 12 − 12
(31) 17 − 6	(32) 13 − 5	(33) 20 − 20	(34) 9 − 9	(35) 19 − 10
(36) 18 − 9	(37) 14 − 3	(38) 17 − 5	(39) 16 − 5	(40) 16 − 0

68

Subtract Within 20

Time: __________

Score: _____/ 40

① $\begin{array}{r} 4 \\ -\ 3 \\ \hline \end{array}$	② $\begin{array}{r} 13 \\ -\ 12 \\ \hline \end{array}$	③ $\begin{array}{r} 9 \\ -\ 3 \\ \hline \end{array}$	④ $\begin{array}{r} 20 \\ -\ 12 \\ \hline \end{array}$	⑤ $\begin{array}{r} 18 \\ -\ 2 \\ \hline \end{array}$
⑥ $\begin{array}{r} 20 \\ -\ 7 \\ \hline \end{array}$	⑦ $\begin{array}{r} 4 \\ -\ 4 \\ \hline \end{array}$	⑧ $\begin{array}{r} 13 \\ -\ 13 \\ \hline \end{array}$	⑨ $\begin{array}{r} 16 \\ -\ 11 \\ \hline \end{array}$	⑩ $\begin{array}{r} 10 \\ -\ 10 \\ \hline \end{array}$
⑪ $\begin{array}{r} 8 \\ -\ 3 \\ \hline \end{array}$	⑫ $\begin{array}{r} 13 \\ -\ 6 \\ \hline \end{array}$	⑬ $\begin{array}{r} 16 \\ -\ 12 \\ \hline \end{array}$	⑭ $\begin{array}{r} 8 \\ -\ 2 \\ \hline \end{array}$	⑮ $\begin{array}{r} 13 \\ -\ 2 \\ \hline \end{array}$
⑯ $\begin{array}{r} 20 \\ -\ 5 \\ \hline \end{array}$	⑰ $\begin{array}{r} 17 \\ -\ 9 \\ \hline \end{array}$	⑱ $\begin{array}{r} 18 \\ -\ 18 \\ \hline \end{array}$	⑲ $\begin{array}{r} 14 \\ -\ 11 \\ \hline \end{array}$	⑳ $\begin{array}{r} 16 \\ -\ 13 \\ \hline \end{array}$
(21) $\begin{array}{r} 13 \\ -\ 1 \\ \hline \end{array}$	(22) $\begin{array}{r} 9 \\ -\ 0 \\ \hline \end{array}$	(23) $\begin{array}{r} 11 \\ -\ 2 \\ \hline \end{array}$	(24) $\begin{array}{r} 15 \\ -\ 1 \\ \hline \end{array}$	(25) $\begin{array}{r} 15 \\ -\ 10 \\ \hline \end{array}$
(26) $\begin{array}{r} 11 \\ -\ 4 \\ \hline \end{array}$	(27) $\begin{array}{r} 15 \\ -\ 0 \\ \hline \end{array}$	(28) $\begin{array}{r} 19 \\ -\ 19 \\ \hline \end{array}$	(29) $\begin{array}{r} 11 \\ -\ 9 \\ \hline \end{array}$	(30) $\begin{array}{r} 3 \\ -\ 3 \\ \hline \end{array}$
(31) $\begin{array}{r} 17 \\ -\ 11 \\ \hline \end{array}$	(32) $\begin{array}{r} 16 \\ -\ 0 \\ \hline \end{array}$	(33) $\begin{array}{r} 19 \\ -\ 0 \\ \hline \end{array}$	(34) $\begin{array}{r} 3 \\ -\ 2 \\ \hline \end{array}$	(35) $\begin{array}{r} 16 \\ -\ 1 \\ \hline \end{array}$
(36) $\begin{array}{r} 13 \\ -\ 7 \\ \hline \end{array}$	(37) $\begin{array}{r} 12 \\ -\ 7 \\ \hline \end{array}$	(38) $\begin{array}{r} 19 \\ -\ 9 \\ \hline \end{array}$	(39) $\begin{array}{r} 9 \\ -\ 4 \\ \hline \end{array}$	(40) $\begin{array}{r} 15 \\ -\ 3 \\ \hline \end{array}$

69

Subtract Within 20

Time: ________

Score: _____/ 40

① 11 − 10	② 16 − 15	③ 1 − 0	④ 9 − 2	⑤ 19 − 11
⑥ 13 − 5	⑦ 18 − 9	⑧ 9 − 1	⑨ 11 − 11	⑩ 14 − 10
⑪ 19 − 16	⑫ 19 − 15	⑬ 9 − 7	⑭ 19 − 18	⑮ 16 − 4
⑯ 19 − 5	⑰ 8 − 8	⑱ 10 − 9	⑲ 1 − 1	⑳ 7 − 5
(21) 5 − 1	(22) 12 − 0	(23) 14 − 13	(24) 6 − 1	(25) 20 − 6
(26) 14 − 4	(27) 15 − 2	(28) 13 − 4	(29) 20 − 20	(30) 6 − 6
(31) 6 − 4	(32) 12 − 11	(33) 20 − 19	(34) 17 − 14	(35) 10 − 3
(36) 7 − 4	(37) 15 − 15	(38) 20 − 1	(39) 8 − 7	(40) 16 − 16

70

Subtract Within 20

Time: __________

Score: _____/ 40

(1) 15 − 13	(2) 20 − 3	(3) 18 − 5	(4) 18 − 10	(5) 10 − 8
(6) 12 − 10	(7) 12 − 6	(8) 11 − 6	(9) 12 − 12	(10) 20 − 11
(11) 3 − 1	(12) 16 − 2	(13) 19 − 12	(14) 7 − 1	(15) 5 − 4
(16) 6 − 0	(17) 13 − 3	(18) 6 − 5	(19) 18 − 16	(20) 10 − 5
(21) 18 − 11	(22) 17 − 3	(23) 14 − 14	(24) 20 − 4	(25) 18 − 17
(26) 15 − 12	(27) 19 − 17	(28) 10 − 2	(29) 16 − 9	(30) 16 − 3
(31) 13 − 11	(32) 14 − 7	(33) 20 − 9	(34) 20 − 17	(35) 7 − 7
(36) 10 − 6	(37) 12 − 8	(38) 4 − 1	(39) 11 − 3	(40) 11 − 7

71

Subtract Within 20

Time: ___________

Score: _____/ 40

(1) 17 − 12	(2) 13 − 12	(3) 17 − 10	(4) 6 − 3	(5) 10 − 7
(6) 16 − 8	(7) 15 − 14	(8) 16 − 5	(9) 2 − 1	(10) 19 − 10
(11) 8 − 1	(12) 15 − 8	(13) 13 − 8	(14) 14 − 8	(15) 13 − 9
(16) 15 − 5	(17) 20 − 14	(18) 11 − 8	(19) 18 − 3	(20) 2 − 2
(21) 16 − 6	(22) 5 − 3	(23) 18 − 1	(24) 19 − 4	(25) 16 − 10
(26) 7 − 6	(27) 19 − 1	(28) 10 − 4	(29) 16 − 7	(30) 20 − 18
(31) 14 − 1	(32) 17 − 4	(33) 18 − 6	(34) 19 − 8	(35) 17 − 2
(36) 16 − 14	(37) 19 − 3	(38) 8 − 4	(39) 11 − 0	(40) 9 − 8

72

Subtract Within 20

Time: ________

Score: _____/ 40

(1) 15 − 4	(2) 18 − 4	(3) 9 − 9	(4) 20 − 13	(5) 14 − 2
(6) 9 − 6	(7) 19 − 2	(8) 20 − 2	(9) 18 − 14	(10) 8 − 6
(11) 18 − 15	(12) 20 − 10	(13) 19 − 14	(14) 17 − 6	(15) 14 − 12
(16) 7 − 0	(17) 17 − 16	(18) 18 − 8	(19) 17 − 15	(20) 20 − 16
(21) 10 − 1	(22) 15 − 9	(23) 12 − 4	(24) 14 − 3	(25) 8 − 5
(26) 18 − 12	(27) 12 − 2	(28) 4 − 2	(29) 7 − 2	(30) 9 − 5
(31) 18 − 13	(32) 12 − 5	(33) 17 − 8	(34) 17 − 1	(35) 17 − 5
(36) 17 − 17	(37) 14 − 6	(38) 4 − 3	(39) 20 − 15	(40) 6 − 2

73
Add or Subtract Within 20

Time: __________

Score: _____/ 40

(1) 5 + 5	(2) 20 − 20	(3) 18 − 0	(4) 17 − 4	(5) 11 + 7
(6) 0 + 10	(7) 13 − 3	(8) 13 − 4	(9) 8 + 9	(10) 0 + 9
(11) 8 − 4	(12) 8 + 8	(13) 8 + 6	(14) 8 + 5	(15) 17 − 5
(16) 10 + 8	(17) 12 + 4	(18) 3 − 2	(19) 11 + 2	(20) 0 + 17
(21) 20 − 8	(22) 19 − 2	(23) 5 + 8	(24) 18 − 9	(25) 19 − 5
(26) 17 − 16	(27) 15 − 5	(28) 7 + 6	(29) 15 + 2	(30) 2 + 2
(31) 14 + 4	(32) 5 − 0	(33) 4 + 12	(34) 19 − 14	(35) 8 + 1
(36) 9 + 10	(37) 9 − 7	(38) 14 − 4	(39) 17 − 11	(40) 12 − 9

74

Add or Subtract Within 20

Time: ________

Score: _____/ 40

① 14 + 2	② 14 − 6	③ 1 + 10	④ 20 − 6	⑤ 6 + 11
⑥ 11 − 4	⑦ 19 − 1	⑧ 19 − 16	⑨ 10 − 3	⑩ 11 − 11
⑪ 18 − 18	⑫ 6 + 12	⑬ 0 + 11	⑭ 6 − 4	⑮ 18 − 3
⑯ 3 + 13	⑰ 10 + 7	⑱ 5 + 9	⑲ 11 + 6	⑳ 14 − 9
(21) 1 + 9	(22) 13 + 2	(23) 0 + 15	(24) 9 − 5	(25) 16 − 14
(26) 12 − 11	(27) 3 + 11	(28) 17 − 8	(29) 20 − 1	(30) 2 + 1
(31) 9 + 5	(32) 13 − 11	(33) 8 + 11	(34) 5 + 3	(35) 11 + 4
(36) 4 + 5	(37) 7 − 4	(38) 2 − 0	(39) 20 − 11	(40) 4 + 1

75

Add or Subtract Within 20

Time: __________

Score: _____/ 40

(1) 7 + 0	(2) 3 + 3	(3) 16 + 0	(4) 14 – 7	(5) 0 + 20
(6) 3 – 3	(7) 20 – 16	(8) 16 – 16	(9) 1 + 19	(10) 3 + 5
(11) 11 – 5	(12) 3 + 1	(13) 20 – 3	(14) 1 + 15	(15) 10 – 4
(16) 15 – 11	(17) 20 – 5	(18) 1 + 7	(19) 18 – 2	(20) 6 – 2
(21) 14 – 8	(22) 10 – 7	(23) 3 + 17	(24) 17 + 3	(25) 6 + 4
(26) 2 + 3	(27) 15 + 5	(28) 20 – 19	(29) 16 + 4	(30) 3 + 9
(31) 0 + 6	(32) 10 + 10	(33) 5 – 4	(34) 11 – 1	(35) 2 + 18
(36) 13 – 5	(37) 19 – 18	(38) 10 + 4	(39) 17 – 15	(40) 16 – 1

76

Add or Subtract Within 20

Time: ______

Score: _____/ 40

(1) $9 - 9$	(2) $7 - 2$	(3) $4 + 11$	(4) $1 + 0$	(5) $19 - 17$
(6) $3 + 15$	(7) $8 + 10$	(8) $14 - 11$	(9) $9 + 11$	(10) $18 + 2$
(11) $15 - 9$	(12) $0 + 0$	(13) $19 - 13$	(14) $16 - 15$	(15) $4 + 0$
(16) $19 + 0$	(17) $18 - 16$	(18) $12 - 0$	(19) $9 - 6$	(20) $20 - 13$
(21) $6 - 1$	(22) $6 + 1$	(23) $11 - 10$	(24) $14 - 2$	(25) $20 - 14$
(26) $7 + 7$	(27) $1 + 4$	(28) $11 + 3$	(29) $0 + 18$	(30) $20 - 2$
(31) $3 + 10$	(32) $1 + 6$	(33) $7 + 8$	(34) $3 + 2$	(35) $15 - 8$
(36) $0 + 16$	(37) $16 + 0$	(38) $12 - 12$	(39) $16 - 11$	(40) $13 - 8$

77

Add or Subtract Within 20

Time: ________

Score: _____/ 40

(1) 5 + 15	(2) 10 − 9	(3) 4 + 15	(4) 0 + 5	(5) 0 + 12
(6) 1 + 3	(7) 15 − 0	(8) 3 + 6	(9) 13 + 3	(10) 12 − 10
(11) 20 − 18	(12) 6 + 9	(13) 2 + 17	(14) 7 + 13	(15) 13 − 9
(16) 11 − 8	(17) 12 + 4	(18) 8 − 5	(19) 0 + 4	(20) 9 + 2
(21) 5 − 1	(22) 11 − 9	(23) 8 − 7	(24) 4 + 9	(25) 8 − 0
(26) 2 + 16	(27) 18 − 5	(28) 18 − 4	(29) 1 + 1	(30) 15 − 14
(31) 9 + 1	(32) 11 − 3	(33) 7 + 1	(34) 2 + 16	(35) 6 + 3
(36) 5 − 5	(37) 19 − 10	(38) 14 − 5	(39) 7 − 7	(40) 15 − 6

78

Add or Subtract Within 20

Time: ________

Score: _____/ 40

① 13 − 10	② 1 + 17	③ 18 − 7	④ 2 + 10	⑤ 5 + 1
⑥ 14 − 12	⑦ 20 − 10	⑧ 4 + 4	⑨ 1 + 16	⑩ 4 + 2
⑪ 8 − 6	⑫ 5 + 6	⑬ 9 + 4	⑭ 11 + 8	⑮ 4 + 13
⑯ 8 − 8	⑰ 15 − 15	⑱ 16 − 13	⑲ 18 − 15	⑳ 9 + 6
(21) 0 + 7	(22) 14 + 6	(23) 10 − 10	(24) 11 − 1	(25) 12 − 8
(26) 3 + 9	(27) 19 − 9	(28) 17 − 7	(29) 13 − 2	(30) 0 + 11
(31) 4 + 9	(32) 6 + 11	(33) 12 − 4	(34) 15 − 9	(35) 9 + 9
(36) 4 − 3	(37) 15 − 8	(38) 8 + 6	(39) 20 − 10	(40) 6 + 7

79

Add or Subtract Within 20

Time: ________

Score: _____/ 40

(1) 10 − 2	(2) 17 − 14	(3) 12 + 4	(4) 6 + 10	(5) 10 + 9
(6) 15 − 13	(7) 18 − 2	(8) 15 + 2	(9) 7 + 3	(10) 8 − 1
(11) 15 − 15	(12) 4 + 7	(13) 14 − 14	(14) 9 − 3	(15) 9 − 1
(16) 2 + 15	(17) 1 + 4	(18) 9 + 11	(19) 11 + 4	(20) 6 − 1
(21) 18 − 13	(22) 20 − 19	(23) 17 − 15	(24) 3 + 7	(25) 10 + 0
(26) 16 − 8	(27) 12 + 8	(28) 1 + 3	(29) 4 + 8	(30) 15 − 4
(31) 5 + 4	(32) 7 + 2	(33) 8 − 4	(34) 16 − 10	(35) 12 − 6
(36) 8 + 4	(37) 19 + 1	(38) 2 + 18	(39) 9 − 0	(40) 11 − 6

80
Add or Subtract Within 20

Time: __________

Score: _____/ 40

① 19 − 18	② 11 − 5	③ 17 − 2	④ 8 + 9	⑤ 5 − 5
⑥ 3 + 3	⑦ 13 − 0	⑧ 0 + 13	⑨ 13 + 1	⑩ 11 + 7
⑪ 7 − 3	⑫ 7 − 6	⑬ 14 − 2	⑭ 17 − 5	⑮ 2 + 8
⑯ 18 + 2	⑰ 17 − 3	⑱ 18 − 9	⑲ 17 − 11	⑳ 6 − 5
(21) 10 + 3	(22) 8 + 2	(23) 5 + 8	(24) 12 + 5	(25) 5 + 13
(26) 12 − 3	(27) 13 − 10	(28) 4 + 4	(29) 3 + 10	(30) 17 − 6
(31) 13 + 4	(32) 16 − 4	(33) 11 − 8	(34) 10 + 5	(35) 7 + 6
(36) 16 − 15	(37) 1 + 6	(38) 5 + 11	(39) 1 + 7	(40) 18 − 12

81

Add or Subtract Within 20

Time: ________

Score: _____/ 40

(1) 8 + 5	(2) 2 + 6	(3) 14 − 1	(4) 14 − 11	(5) 5 − 1
(6) 1 − 0	(7) 5 − 4	(8) 16 + 4	(9) 15 − 1	(10) 0 + 1
(11) 2 + 16	(12) 7 − 4	(13) 11 − 10	(14) 5 + 9	(15) 20 − 13
(16) 14 + 2	(17) 18 − 1	(18) 7 − 1	(19) 1 + 16	(20) 19 − 8
(21) 19 − 17	(22) 0 + 15	(23) 6 − 6	(24) 8 − 0	(25) 14 − 6
(26) 5 + 14	(27) 19 − 12	(28) 4 + 0	(29) 19 − 5	(30) 4 + 3
(31) 2 + 14	(32) 1 + 16	(33) 5 + 5	(34) 12 − 11	(35) 9 + 3
(36) 11 + 9	(37) 3 + 13	(38) 5 − 2	(39) 7 + 12	(40) 11 + 8

82

Add or Subtract Within 20

Time: ________

Score: _____/ 40

(1) 1 + 17	(2) 6 + 2	(3) 2 + 6	(4) 18 – 10	(5) 20 – 8
(6) 16 – 16	(7) 20 – 0	(8) 1 – 1	(9) 16 – 6	(10) 7 – 2
(11) 12 – 2	(12) 9 + 1	(13) 7 + 0	(14) 0 – 0	(15) 6 + 12
(16) 7 – 5	(17) 11 – 7	(18) 5 + 12	(19) 1 + 9	(20) 20 – 11
(21) 17 – 8	(22) 4 + 3	(23) 4 + 6	(24) 5 – 0	(25) 5 + 0
(26) 10 – 7	(27) 1 + 11	(28) 5 + 1	(29) 12 + 7	(30) 20 – 18
(31) 1 + 18	(32) 13 – 12	(33) 12 + 6	(34) 3 + 4	(35) 9 – 5
(36) 18 – 15	(37) 4 + 14	(38) 7 + 8	(39) 14 + 4	(40) 8 – 2

83

Add or Subtract Within 20

Time: __________

Score: _____/ 40

(1) 13 − 7	(2) 16 − 7	(3) 13 − 6	(4) 18 − 7	(5) 7 + 11
(6) 10 + 8	(7) 13 + 7	(8) 0 + 16	(9) 15 − 11	(10) 5 − 3
(11) 17 − 10	(12) 19 − 1	(13) 18 − 11	(14) 14 − 13	(15) 0 + 19
(16) 9 − 6	(17) 15 + 4	(18) 19 − 16	(19) 5 + 15	(20) 17 + 1
(21) 16 − 1	(22) 3 + 8	(23) 12 − 9	(24) 1 + 2	(25) 12 + 2
(26) 13 − 11	(27) 4 + 10	(28) 10 + 10	(29) 10 − 9	(30) 10 − 1
(31) 14 + 4	(32) 0 + 18	(33) 9 − 9	(34) 9 + 5	(35) 2 + 13
(36) 2 + 17	(37) 18 − 14	(38) 0 + 8	(39) 18 + 0	(40) 15 − 5

84
Add or Subtract Within 20

Time: __________

Score: _____/ 40

① 14 − 10	② 19 − 13	③ 0 + 15	④ 18 − 0	⑤ 5 + 13
⑥ 3 + 13	⑦ 14 − 5	⑧ 3 − 1	⑨ 2 + 13	⑩ 16 + 4
⑪ 6 + 13	⑫ 19 − 16	⑬ 16 − 3	⑭ 17 − 13	⑮ 1 + 12
⑯ 7 + 4	⑰ 15 + 3	⑱ 8 + 2	⑲ 9 + 3	⑳ 7 + 2
(21) 1 − 1	(22) 4 + 10	(23) 0 + 13	(24) 20 − 15	(25) 17 − 11
(26) 11 − 1	(27) 5 + 8	(28) 6 − 4	(29) 20 − 3	(30) 17 − 10
(31) 20 − 18	(32) 4 + 1	(33) 15 − 0	(34) 9 + 5	(35) 3 + 14
(36) 14 − 9	(37) 12 − 4	(38) 3 + 17	(39) 12 + 1	(40) 20 − 2

85

Add or Subtract Within 20

Time: ________

Score: _____/ 40

(1) $17 - 9$	(2) $19 - 14$	(3) $1 - 0$	(4) $9 + 1$	(5) $12 - 7$
(6) $5 + 7$	(7) $12 - 5$	(8) $6 + 5$	(9) $15 - 3$	(10) $5 + 3$
(11) $18 + 0$	(12) $16 - 1$	(13) $3 + 3$	(14) $16 - 14$	(15) $2 + 9$
(16) $2 - 1$	(17) $15 + 4$	(18) $4 + 8$	(19) $1 + 7$	(20) $4 + 14$
(21) $12 + 8$	(22) $20 - 8$	(23) $0 + 2$	(24) $17 + 3$	(25) $15 - 12$
(26) $16 + 3$	(27) $1 + 0$	(28) $9 + 2$	(29) $14 - 1$	(30) $1 + 6$
(31) $3 + 5$	(32) $10 - 7$	(33) $12 - 9$	(34) $12 - 12$	(35) $17 - 7$
(36) $19 - 5$	(37) $13 - 10$	(38) $13 - 0$	(39) $3 + 16$	(40) $19 - 2$

86

Add or Subtract Within 20

Time: ___________

Score: _____/ 40

(1) 4 + 13	(2) 3 − 2	(3) 11 − 7	(4) 5 − 2	(5) 14 + 4
(6) 18 + 1	(7) 13 + 5	(8) 17 − 5	(9) 10 + 9	(10) 18 + 2
(11) 15 − 15	(12) 0 + 6	(13) 20 − 6	(14) 19 − 11	(15) 14 + 5
(16) 17 − 8	(17) 17 − 14	(18) 10 − 5	(19) 18 − 12	(20) 2 − 2
(21) 15 − 6	(22) 0 + 17	(23) 16 − 5	(24) 19 − 13	(25) 9 − 1
(26) 16 + 1	(27) 0 + 19	(28) 4 + 2	(29) 9 − 7	(30) 13 + 4
(31) 3 + 7	(32) 11 + 4	(33) 1 + 4	(34) 10 + 1	(35) 4 + 0
(36) 18 − 16	(37) 5 + 14	(38) 10 − 1	(39) 10 − 2	(40) 1 + 9

87
Add or Subtract Within 20

Time: ___________

Score: _____/ 40

(1) 19 − 17	(2) 5 − 5	(3) 4 + 15	(4) 7 + 11	(5) 19 − 9
(6) 10 + 2	(7) 10 + 6	(8) 7 + 1	(9) 9 − 0	(10) 6 + 3
(11) 20 − 11	(12) 0 + 1	(13) 15 − 10	(14) 0 + 7	(15) 9 + 7
(16) 17 − 17	(17) 3 + 1	(18) 4 + 3	(19) 13 − 11	(20) 6 + 11
(21) 12 − 0	(22) 8 + 3	(23) 18 − 9	(24) 6 + 6	(25) 12 − 3
(26) 10 − 6	(27) 18 − 2	(28) 11 + 6	(29) 17 − 15	(30) 14 − 11
(31) 12 − 11	(32) 0 + 14	(33) 14 + 0	(34) 18 − 14	(35) 7 − 3
(36) 9 + 6	(37) 2 + 10	(38) 7 − 5	(39) 2 + 13	(40) 18 − 13

88

Add or Subtract Within 20

Time: ________

Score: _____/ 40

(1) 15 − 4	(2) 5 + 9	(3) 17 + 1	(4) 14 − 6	(5) 1 + 5
(6) 15 − 13	(7) 7 + 13	(8) 9 − 6	(9) 12 + 2	(10) 2 + 10
(11) 7 + 0	(12) 14 − 14	(13) 9 + 8	(14) 10 + 2	(15) 16 − 7
(16) 0 + 12	(17) 14 − 8	(18) 14 + 6	(19) 1 + 1	(20) 19 − 18
(21) 6 − 6	(22) 7 − 2	(23) 0 + 3	(24) 8 + 5	(25) 12 − 1
(26) 8 − 2	(27) 2 + 15	(28) 10 + 4	(29) 20 − 19	(30) 6 + 8
(31) 15 − 11	(32) 9 + 0	(33) 7 + 7	(34) 11 − 10	(35) 4 − 3
(36) 7 − 7	(37) 19 − 1	(38) 6 − 3	(39) 7 + 9	(40) 9 − 8

89

Add or Subtract Within 20

Time: ________

Score: _____/ 40

① $12 - 2$	② $20 - 13$	③ $13 - 1$	④ $18 - 3$	⑤ $6 + 0$
⑥ $1 + 16$	⑦ $6 - 5$	⑧ $3 + 10$	⑨ $2 + 16$	⑩ $2 + 1$
⑪ $13 + 6$	⑫ $19 - 15$	⑬ $2 + 5$	⑭ $15 - 7$	⑮ $7 + 8$
⑯ $20 - 20$	⑰ $11 + 7$	⑱ $16 + 2$	⑲ $17 - 12$	⑳ $11 - 3$
(21) $3 + 4$	(22) $11 - 6$	(23) $4 + 16$	(24) $4 + 3$	(25) $20 - 11$
(26) $17 + 2$	(27) $20 - 19$	(28) $9 - 2$	(29) $16 - 13$	(30) $9 - 0$
(31) $8 + 0$	(32) $3 + 14$	(33) $17 - 8$	(34) $6 - 5$	(35) $17 - 6$
(36) $4 + 2$	(37) $14 + 3$	(38) $9 + 2$	(39) $20 - 15$	(40) $2 + 4$

90
Add or Subtract Within 20

Time: __________

Score: _____/ 40

(1) 14 − 11	(2) 11 − 1	(3) 5 + 3	(4) 5 + 6	(5) 12 + 7
(6) 3 + 9	(7) 9 + 4	(8) 2 − 0	(9) 10 − 1	(10) 7 − 1
(11) 1 + 5	(12) 6 + 5	(13) 4 − 2	(14) 10 + 9	(15) 3 + 10
(16) 19 − 19	(17) 18 − 7	(18) 11 + 1	(19) 4 + 14	(20) 6 + 14
(21) 1 − 1	(22) 8 + 5	(23) 18 − 3	(24) 16 − 11	(25) 5 − 3
(26) 12 − 7	(27) 1 + 16	(28) 15 − 4	(29) 18 − 5	(30) 11 − 5
(31) 12 − 2	(32) 4 + 1	(33) 11 + 0	(34) 5 + 10	(35) 8 + 11
(36) 11 − 3	(37) 11 + 5	(38) 14 − 6	(39) 3 − 1	(40) 2 + 4

91

Add or Subtract Within 20

Time: ________

Score: _____/ 40

(1) $7 + 11$	(2) $9 + 8$	(3) $0 + 1$	(4) $13 - 13$	(5) $1 + 10$
(6) $1 + 12$	(7) $9 + 5$	(8) $18 - 16$	(9) $18 - 14$	(10) $12 - 12$
(11) $11 + 2$	(12) $0 + 6$	(13) $8 - 4$	(14) $20 - 5$	(15) $15 - 14$
(16) $10 + 1$	(17) $5 + 9$	(18) $10 - 4$	(19) $20 - 2$	(20) $19 - 1$
(21) $19 - 14$	(22) $18 - 12$	(23) $2 + 6$	(24) $11 - 2$	(25) $14 - 12$
(26) $10 + 6$	(27) $18 - 1$	(28) $5 + 0$	(29) $8 - 6$	(30) $3 + 6$
(31) $8 + 12$	(32) $10 + 0$	(33) $4 + 13$	(34) $0 + 2$	(35) $19 - 2$
(36) $17 - 11$	(37) $19 - 7$	(38) $12 - 8$	(39) $8 + 3$	(40) $5 + 15$

92
Add or Subtract Within 20

Time: ________

Score: _____/ 40

(1) 13 − 9	(2) 16 − 2	(3) 9 − 3	(4) 13 − 7	(5) 6 − 3
(6) 2 + 18	(7) 7 − 5	(8) 16 + 0	(9) 19 − 10	(10) 3 + 5
(11) 9 + 10	(12) 18 − 17	(13) 13 + 3	(14) 11 − 8	(15) 7 − 2
(16) 10 + 8	(17) 19 − 15	(18) 2 + 10	(19) 17 − 3	(20) 16 + 0
(21) 7 + 1	(22) 10 − 6	(23) 3 + 15	(24) 18 − 9	(25) 20 − 0
(26) 3 + 3	(27) 18 + 0	(28) 9 + 9	(29) 17 − 7	(30) 12 − 5
(31) 2 + 2	(32) 19 − 9	(33) 1 + 19	(34) 2 + 3	(35) 10 + 2
(36) 4 + 7	(37) 8 − 0	(38) 3 + 12	(39) 17 − 15	(40) 0 + 17

93
Add or Subtract Within 20

Time: ________

Score: _____/ 40

(1) 12 + 5 =	(2) 13 − 11 =	(3) 9 − 1 =	(4) 13 + 7 =	(5) 1 + 4 =
(6) 4 + 11 =	(7) 6 − 6 =	(8) 3 + 2 =	(9) 1 + 2 =	(10) 1 + 6 =
(11) 13 − 10 =	(12) 4 + 16 =	(13) 3 − 3 =	(14) 5 + 12 =	(15) 7 + 9 =
(16) 8 + 6 =	(17) 6 + 5 =	(18) 15 − 9 =	(19) 15 + 5 =	(20) 20 − 1 =
(21) 20 − 20 =	(22) 15 − 13 =	(23) 5 + 13 =	(24) 2 − 1 =	(25) 6 − 4 =
(26) 19 − 6 =	(27) 0 + 13 =	(28) 17 − 1 =	(29) 3 + 11 =	(30) 11 + 7 =
(31) 4 − 1 =	(32) 6 + 2 =	(33) 13 + 6 =	(34) 5 − 0 =	(35) 20 − 16 =
(36) 12 − 1 =	(37) 11 + 6 =	(38) 11 − 4 =	(39) 16 − 14 =	(40) 18 − 13 =

94

Add or Subtract Within 20

Time: ____________

Score: _____/ 40

① 11 − 10	② 12 + 3	③ 18 − 8	④ 14 + 6	⑤ 20 − 9
⑥ 16 − 16	⑦ 13 − 2	⑧ 0 + 15	⑨ 7 + 12	⑩ 5 + 5
⑪ 9 − 4	⑫ 15 − 15	⑬ 12 − 6	⑭ 15 − 7	⑮ 9 − 5
⑯ 12 + 8	⑰ 13 − 5	⑱ 9 + 7	⑲ 16 − 6	⑳ 7 + 2
(21) 1 + 7	(22) 10 + 5	(23) 4 + 9	(24) 4 + 3	(25) 6 + 10
(26) 4 − 3	(27) 0 + 18	(28) 14 − 13	(29) 16 − 1	(30) 10 + 2
(31) 4 + 15	(32) 7 − 4	(33) 15 − 10	(34) 0 + 3	(35) 2 + 13
(36) 20 − 18	(37) 16 − 5	(38) 6 + 13	(39) 6 + 0	(40) 15 − 1

95

Add or Subtract Within 20

Time: ________

Score: _____/ 40

① 12 − 4	② 1 + 0	③ 12 + 1	④ 11 − 11	⑤ 2 + 11
⑥ 8 + 2	⑦ 18 − 5	⑧ 2 + 14	⑨ 5 − 1	⑩ 4 + 14
⑪ 13 + 1	⑫ 13 − 8	⑬ 9 + 3	⑭ 1 + 13	⑮ 16 − 12
⑯ 0 + 7	⑰ 16 − 14	⑱ 12 − 11	⑲ 20 − 7	⑳ 5 + 11
(21) 1 + 15	(22) 15 − 0	(23) 9 − 1	(24) 18 − 6	(25) 16 − 1
(26) 0 + 3	(27) 17 + 2	(28) 1 + 6	(29) 8 − 2	(30) 13 − 2
(31) 4 + 16	(32) 7 − 2	(33) 17 − 8	(34) 10 + 9	(35) 4 + 8
(36) 0 + 13	(37) 8 + 4	(38) 9 − 0	(39) 10 − 3	(40) 9 − 5

96

Add or Subtract Within 20

Time: ________

Score: _____/ 40

(1) 8 + 9	(2) 19 − 9	(3) 1 + 16	(4) 10 − 1	(5) 15 + 5
(6) 3 + 4	(7) 0 + 8	(8) 11 − 5	(9) 20 − 17	(10) 0 + 0
(11) 11 + 5	(12) 1 − 0	(13) 11 − 4	(14) 12 + 1	(15) 17 − 2
(16) 4 − 3	(17) 1 + 4	(18) 2 + 16	(19) 18 + 1	(20) 20 − 19
(21) 18 − 4	(22) 1 + 18	(23) 15 − 3	(24) 13 − 13	(25) 14 + 1
(26) 14 − 4	(27) 9 + 11	(28) 18 − 1	(29) 18 − 2	(30) 10 + 8
(31) 6 + 2	(32) 15 − 12	(33) 2 + 6	(34) 15 − 1	(35) 13 − 0
(36) 1 + 19	(37) 20 − 5	(38) 9 + 10	(39) 6 + 5	(40) 5 − 3

97

Add or Subtract Within 20

Time: ________

Score: ______/ 40

① 14 + 3	② 16 – 15	③ 17 + 1	④ 10 + 0	⑤ 0 + 17
⑥ 9 – 2	⑦ 7 + 12	⑧ 12 + 3	⑨ 13 – 5	⑩ 5 + 15
⑪ 2 – 0	⑫ 14 – 3	⑬ 1 + 8	⑭ 7 + 4	⑮ 10 + 3
⑯ 20 – 15	⑰ 14 – 9	⑱ 16 – 5	⑲ 9 – 8	⑳ 2 + 10
(21) 10 – 5	(22) 8 – 6	(23) 3 + 13	(24) 17 – 12	(25) 15 + 3
(26) 17 – 11	(27) 6 – 4	(28) 3 + 1	(29) 2 + 9	(30) 20 – 2
(31) 12 + 8	(32) 15 – 10	(33) 14 + 2	(34) 4 + 14	(35) 19 – 1
(36) 13 + 7	(37) 9 + 1	(38) 18 – 10	(39) 20 – 13	(40) 15 – 7

98

Add or Subtract Within 20

Time: __________

Score: _____/ 40

① 16 − 16	② 14 − 11	③ 15 − 5	④ 5 − 2	⑤ 19 − 14
⑥ 2 + 3	⑦ 8 + 3	⑧ 19 − 17	⑨ 4 + 13	⑩ 0 + 2
⑪ 7 − 3	⑫ 0 + 9	⑬ 16 − 7	⑭ 6 + 6	⑮ 12 − 1
⑯ 1 + 17	⑰ 3 + 5	⑱ 9 + 4	⑲ 17 − 4	⑳ 15 − 9
21. 13 − 7	22. 12 + 4	23. 10 + 2	24. 12 + 6	25. 18 + 2
26. 13 + 3	27. 16 + 4	28. 14 − 5	29. 6 − 2	30. 14 − 6
31. 12 − 6	32. 10 + 1	33. 19 − 4	34. 20 − 20	35. 1 + 10
36. 10 + 6	37. 15 − 13	38. 4 + 13	39. 11 + 3	40. 16 − 6

99

Add or Subtract Within 20

Time: ________

Score: _____/ 40

① 8 + 11	② 4 + 12	③ 4 + 15	④ 1 + 3	⑤ 4 − 4
⑥ 3 + 2	⑦ 13 + 6	⑧ 14 − 12	⑨ 9 − 4	⑩ 3 + 15
⑪ 7 + 2	⑫ 14 + 6	⑬ 0 + 12	⑭ 11 − 1	⑮ 12 + 0
⑯ 4 + 9	⑰ 16 − 13	⑱ 18 − 7	⑲ 9 + 0	⑳ 9 − 9
(21) 9 − 3	(22) 0 + 4	(23) 19 − 16	(24) 6 + 3	(25) 11 + 8
(26) 11 − 8	(27) 2 + 18	(28) 12 − 0	(29) 19 − 10	(30) 10 + 4
(31) 4 + 7	(32) 11 − 10	(33) 17 − 17	(34) 17 − 16	(35) 15 − 6
(36) 13 − 11	(37) 12 − 5	(38) 1 + 7	(39) 17 − 6	(40) 12 − 9

100

Add or Subtract Within 20

Time: __________

Score: _____/ 40

(1) 16 + 1	(2) 10 − 4	(3) 11 + 2	(4) 19 − 7	(5) 18 − 3
(6) 20 − 9	(7) 8 + 12	(8) 13 − 6	(9) 1 − 1	(10) 18 − 8
(11) 0 + 11	(12) 11 + 4	(13) 6 + 0	(14) 3 + 17	(15) 7 − 6
(16) 14 − 2	(17) 5 + 9	(18) 5 − 4	(19) 12 − 3	(20) 12 − 12
(21) 5 + 10	(22) 19 − 2	(23) 19 + 1	(24) 12 + 2	(25) 14 − 10
(26) 1 + 9	(27) 15 − 15	(28) 4 + 11	(29) 4 + 14	(30) 1 + 16
(31) 10 + 7	(32) 4 − 2	(33) 6 + 11	(34) 10 + 0	(35) 3 + 7
(36) 9 − 8	(37) 5 + 8	(38) 12 − 12	(39) 6 − 2	(40) 9 − 7

Answer Key # 1

1. 5	2. 1	3. 10	4. 10	5. 4
6. 7	7. 6	8. 9	9. 7	10. 8
11. 9	12. 5	13. 9	14. 10	15. 9
16. 10	17. 4	18. 9	19. 10	20. 3
21. 8	22. 6	23. 8	24. 6	25. 4
26. 6	27. 2	28. 3	29. 6	30. 8
31. 8	32. 5	33. 2	34. 8	35. 5
36. 4	37. 6	38. 9	39. 3	40. 9

Answer Key # 2

1. 0	2. 9	3. 8	4. 6	5. 5
6. 8	7. 10	8. 8	9. 3	10. 6
11. 5	12. 4	13. 9	14. 9	15. 10
16. 1	17. 10	18. 6	19. 5	20. 8
21. 4	22. 5	23. 9	24. 2	25. 9
26. 8	27. 3	28. 8	29. 10	30. 1
31. 4	32. 0	33. 10	34. 1	35. 4
36. 9	37. 8	38. 2	39. 4	40. 10

Answer Key # 3

1. 8	2. 8	3. 10	4. 8	5. 7
6. 5	7. 4	8. 5	9. 7	10. 9
11. 7	12. 10	13. 7	14. 10	15. 8
16. 4	17. 10	18. 10	19. 10	20. 10
21. 7	22. 7	23. 6	24. 5	25. 2
26. 10	27. 7	28. 10	29. 7	30. 7
31. 8	32. 7	33. 6	34. 6	35. 6
36. 7	37. 7	38. 7	39. 7	40. 8

Answer Key # 4

1. 8	2. 9	3. 9	4. 8	5. 6
6. 4	7. 8	8. 9	9. 9	10. 6
11. 3	12. 2	13. 9	14. 10	15. 9
16. 10	17. 8	18. 7	19. 7	20. 8
21. 8	22. 2	23. 9	24. 5	25. 7
26. 8	27. 8	28. 4	29. 3	30. 3
31. 6	32. 6	33. 7	34. 1	35. 5
36. 5	37. 8	38. 2	39. 10	40. 7

Answer Key # 5

1. 4	2. 9	3. 7	4. 1	5. 4
6. 8	7. 8	8. 9	9. 0	10. 6
11. 9	12. 4	13. 4	14. 5	15. 4
16. 10	17. 2	18. 10	19. 8	20. 10
21. 6	22. 5	23. 5	24. 9	25. 6
26. 9	27. 10	28. 5	29. 8	30. 9
31. 9	32. 9	33. 9	34. 7	35. 9
36. 10	37. 10	38. 6	39. 9	40. 4

Answer Key # 6

1. 10	2. 9	3. 3	4. 7	5. 2
6. 5	7. 2	8. 7	9. 10	10. 8
11. 5	12. 8	13. 3	14. 10	15. 8
16. 4	17. 10	18. 9	19. 6	20. 10
21. 7	22. 4	23. 8	24. 8	25. 10
26. 4	27. 8	28. 3	29. 7	30. 9
31. 7	32. 7	33. 9	34. 3	35. 8
36. 5	37. 4	38. 2	39. 7	40. 1

Answer Key # 7

1. 10	2. 10	3. 5	4. 4	5. 6
6. 10	7. 6	8. 5	9. 9	10. 8
11. 10	12. 6	13. 7	14. 8	15. 8
16. 6	17. 1	18. 6	19. 5	20. 10
21. 4	22. 5	23. 10	24. 0	25. 8
26. 4	27. 8	28. 8	29. 10	30. 8
31. 5	32. 2	33. 9	34. 1	35. 0
36. 5	37. 4	38. 9	39. 6	40. 2

Answer Key # 8

1. 8	2. 6	3. 4	4. 7	5. 4
6. 8	7. 10	8. 9	9. 9	10. 4
11. 9	12. 9	13. 8	14. 9	15. 10
16. 10	17. 7	18. 10	19. 10	20. 10
21. 5	22. 8	23. 9	24. 5	25. 8
26. 8	27. 10	28. 9	29. 5	30. 2
31. 10	32. 1	33. 9	34. 6	35. 3
36. 4	37. 6	38. 7	39. 10	40. 9

Answer Key # 9

1. 7	2. 7	3. 6	4. 3	5. 7
6. 6	7. 4	8. 5	9. 10	10. 9
11. 9	12. 10	13. 10	14. 7	15. 9
16. 9	17. 4	18. 2	19. 5	20. 8
21. 5	22. 7	23. 7	24. 6	25. 2
26. 9	27. 7	28. 4	29. 10	30. 10
31. 7	32. 3	33. 6	34. 8	35. 7
36. 3	37. 8	38. 7	39. 7	40. 2

Answer Key # 10

1. 5	2. 6	3. 10	4. 7	5. 9
6. 8	7. 6	8. 5	9. 10	10. 0
11. 9	12. 5	13. 1	14. 1	15. 8
16. 10	17. 5	18. 9	19. 6	20. 6
21. 9	22. 9	23. 9	24. 10	25. 5
26. 4	27. 4	28. 8	29. 7	30. 4
31. 10	32. 4	33. 10	34. 8	35. 10
36. 8	37. 10	38. 6	39. 4	40. 2

Answer Key # 11

1. 8	2. 8	3. 4	4. 6	5. 6
6. 1	7. 3	8. 5	9. 2	10. 3
11. 1	12. 1	13. 6	14. 2	15. 7
16. 0	17. 2	18. 3	19. 4	20. 0
21. 7	22. 0	23. 1	24. 2	25. 0
26. 0	27. 7	28. 9	29. 2	30. 5
31. 1	32. 4	33. 1	34. 3	35. 2
36. 0	37. 3	38. 2	39. 6	40. 3

Answer Key # 12

1. 3	2. 4	3. 0	4. 2	5. 1
6. 5	7. 2	8. 4	9. 1	10. 9
11. 4	12. 4	13. 7	14. 5	15. 5
16. 10	17. 0	18. 0	19. 3	20. 0
21. 1	22. 6	23. 8	24. 1	25. 5
26. 0	27. 7	28. 2	29. 10	30. 1
31. 1	32. 5	33. 3	34. 3	35. 0
36. 4	37. 4	38. 3	39. 9	40. 0

Answer Key # 13

1. 5	2. 0	3. 4	4. 7	5. 2
6. 2	7. 6	8. 5	9. 2	10. 6
11. 2	12. 3	13. 0	14. 1	15. 8
16. 0	17. 3	18. 5	19. 5	20. 1
21. 7	22. 6	23. 4	24. 7	25. 2
26. 0	27. 4	28. 6	29. 8	30. 2
31. 1	32. 1	33. 0	34. 8	35. 0
36. 9	37. 1	38. 1	39. 1	40. 4

Answer Key # 14

1. 3	2. 2	3. 3	4. 0	5. 3
6. 0	7. 6	8. 1	9. 2	10. 0
11. 5	12. 4	13. 2	14. 8	15. 6
16. 5	17. 9	18. 6	19. 4	20. 1
21. 1	22. 1	23. 3	24. 2	25. 3
26. 5	27. 10	28. 2	29. 7	30. 2
31. 2	32. 2	33. 1	34. 9	35. 2
36. 5	37. 3	38. 0	39. 0	40. 1

Answer Key # 15

1. 0	2. 6	3. 4	4. 2	5. 0
6. 1	7. 5	8. 3	9. 6	10. 8
11. 3	12. 4	13. 0	14. 4	15. 3
16. 8	17. 1	18. 7	19. 3	20. 4
21. 1	22. 0	23. 7	24. 1	25. 2
26. 0	27. 0	28. 1	29. 5	30. 4
31. 7	32. 4	33. 6	34. 0	35. 0
36. 3	37. 5	38. 0	39. 0	40. 0

Answer Key # 16

1. 3	2. 6	3. 8	4. 8	5. 1
6. 2	7. 2	8. 2	9. 6	10. 4
11. 3	12. 5	13. 9	14. 5	15. 9
16. 0	17. 3	18. 4	19. 7	20. 5
21. 6	22. 4	23. 1	24. 0	25. 3
26. 2	27. 1	28. 4	29. 1	30. 2
31. 1	32. 6	33. 5	34. 8	35. 1
36. 2	37. 0	38. 4	39. 5	40. 6

Answer Key # 17

1. 3	2. 7	3. 0	4. 1	5. 1
6. 7	7. 2	8. 0	9. 1	10. 2
11. 0	12. 5	13. 1	14. 10	15. 0
16. 4	17. 7	18. 2	19. 0	20. 3
21. 4	22. 0	23. 3	24. 3	25. 4
26. 0	27. 3	28. 9	29. 1	30. 2
31. 6	32. 0	33. 7	34. 5	35. 0
36. 3	37. 0	38. 3	39. 0	40. 9

Answer Key # 18

1. 5	2. 5	3. 2	4. 1	5. 0
6. 5	7. 2	8. 5	9. 3	10. 6
11. 4	12. 8	13. 3	14. 2	15. 0
16. 4	17. 1	18. 7	19. 0	20. 2
21. 8	22. 4	23. 7	24. 1	25. 10
26. 1	27. 6	28. 1	29. 4	30. 1
31. 1	32. 4	33. 6	34. 5	35. 1
36. 0	37. 6	38. 0	39. 8	40. 3

Answer Key # 19

1. 2	2. 2	3. 3	4. 3	5. 2
6. 2	7. 1	8. 4	9. 7	10. 0
11. 1	12. 6	13. 4	14. 4	15. 0
16. 3	17. 1	18. 10	19. 0	20. 3
21. 5	22. 3	23. 0	24. 5	25. 2
26. 5	27. 6	28. 8	29. 2	30. 2
31. 2	32. 6	33. 3	34. 0	35. 7
36. 5	37. 2	38. 4	39. 4	40. 0

Answer Key # 20

1. 0	2. 1	3. 7	4. 0	5. 0
6. 9	7. 7	8. 1	9. 5	10. 3
11. 1	12. 1	13. 0	14. 1	15. 2
16. 1	17. 3	18. 6	19. 4	20. 9
21. 4	22. 1	23. 2	24. 5	25. 6
26. 8	27. 0	28. 3	29. 7	30. 1
31. 2	32. 3	33. 2	34. 0	35. 4
36. 8	37. 6	38. 1	39. 9	40. 1

Answer Key # 21

1. 6	2. 10	3. 6	4. 0	5. 8
6. 2	7. 1	8. 2	9. 2	10. 4
11. 7	12. 6	13. 6	14. 2	15. 0
16. 4	17. 5	18. 3	19. 7	20. 3
21. 5	22. 9	23. 1	24. 0	25. 7
26. 6	27. 2	28. 2	29. 6	30. 8
31. 1	32. 10	33. 9	34. 10	35. 10
36. 10	37. 0	38. 3	39. 8	40. 8

Answer Key # 22

1. 3	2. 10	3. 4	4. 3	5. 4
6. 10	7. 6	8. 8	9. 2	10. 8
11. 7	12. 1	13. 1	14. 8	15. 8
16. 4	17. 3	18. 0	19. 9	20. 9
21. 9	22. 7	23. 1	24. 1	25. 2
26. 10	27. 10	28. 1	29. 7	30. 4
31. 9	32. 6	33. 3	34. 2	35. 4
36. 2	37. 1	38. 6	39. 8	40. 7

Answer Key # 23

1. 2	2. 5	3. 4	4. 6	5. 10
6. 10	7. 1	8. 9	9. 0	10. 5
11. 2	12. 4	13. 3	14. 5	15. 10
16. 3	17. 0	18. 9	19. 3	20. 7
21. 3	22. 9	23. 6	24. 1	25. 8
26. 8	27. 7	28. 7	29. 0	30. 1
31. 10	32. 7	33. 0	34. 9	35. 10
36. 10	37. 5	38. 3	39. 6	40. 5

Answer Key # 24

1. 10	2. 6	3. 3	4. 9	5. 2
6. 4	7. 4	8. 7	9. 4	10. 7
11. 9	12. 5	13. 9	14. 2	15. 10
16. 7	17. 8	18. 8	19. 1	20. 0
21. 2	22. 0	23. 8	24. 7	25. 9
26. 3	27. 5	28. 4	29. 2	30. 5
31. 0	32. 6	33. 3	34. 10	35. 1
36. 9	37. 8	38. 5	39. 6	40. 6

Answer Key # 25

1. 0	2. 1	3. 6	4. 3	5. 0
6. 8	7. 4	8. 3	9. 9	10. 2
11. 0	12. 10	13. 10	14. 3	15. 7
16. 0	17. 1	18. 3	19. 2	20. 5
21. 8	22. 1	23. 8	24. 9	25. 7
26. 10	27. 1	28. 4	29. 2	30. 9
31. 4	32. 4	33. 0	34. 0	35. 9
36. 10	37. 6	38. 0	39. 3	40. 10

Answer Key # 26

1. 10	2. 4	3. 5	4. 3	5. 1
6. 10	7. 10	8. 5	9. 2	10. 1
11. 8	12. 0	13. 7	14. 1	15. 10
16. 8	17. 4	18. 8	19. 2	20. 6
21. 10	22. 5	23. 1	24. 7	25. 10
26. 0	27. 9	28. 5	29. 6	30. 2
31. 2	32. 1	33. 0	34. 6	35. 10
36. 2	37. 0	38. 3	39. 2	40. 6

Answer Key # 27

1. 4	2. 8	3. 10	4. 6	5. 10
6. 8	7. 3	8. 0	9. 6	10. 8
11. 8	12. 1	13. 9	14. 9	15. 2
16. 0	17. 9	18. 7	19. 8	20. 5
21. 4	22. 8	23. 2	24. 6	25. 6
26. 1	27. 0	28. 4	29. 8	30. 10
31. 1	32. 9	33. 0	34. 1	35. 4
36. 7	37. 10	38. 4	39. 7	40. 1

Answer Key # 28

1. 4	2. 8	3. 4	4. 2	5. 3
6. 8	7. 9	8. 3	9. 9	10. 0
11. 10	12. 1	13. 2	14. 7	15. 7
16. 7	17. 1	18. 10	19. 6	20. 5
21. 6	22. 1	23. 10	24. 8	25. 8
26. 2	27. 9	28. 2	29. 9	30. 7
31. 5	32. 0	33. 10	34. 8	35. 7
36. 9	37. 2	38. 9	39. 5	40. 0

Answer Key # 29

1. 0	2. 6	3. 3	4. 10	5. 1
6. 5	7. 4	8. 2	9. 9	10. 8
11. 7	12. 2	13. 0	14. 6	15. 4
16. 6	17. 4	18. 6	19. 4	20. 10
21. 6	22. 1	23. 7	24. 4	25. 9
26. 1	27. 9	28. 8	29. 0	30. 9
31. 6	32. 3	33. 4	34. 0	35. 2
36. 9	37. 4	38. 0	39. 1	40. 10

Answer Key # 30

1. 9	2. 8	3. 6	4. 0	5. 2
6. 1	7. 3	8. 10	9. 3	10. 5
11. 10	12. 7	13. 0	14. 7	15. 2
16. 8	17. 3	18. 4	19. 7	20. 9
21. 10	22. 1	23. 9	24. 7	25. 5
26. 5	27. 8	28. 1	29. 1	30. 1
31. 5	32. 7	33. 9	34. 0	35. 5
36. 10	37. 6	38. 2	39. 5	40. 0

Answer Key # 31

1. 5	2. 2	3. 7	4. 6	5. 4
6. 7	7. 0	8. 0	9. 4	10. 9
11. 4	12. 0	13. 4	14. 8	15. 10
16. 4	17. 0	18. 4	19. 9	20. 6
21. 4	22. 3	23. 9	24. 0	25. 3
26. 7	27. 0	28. 0	29. 2	30. 9
31. 4	32. 10	33. 7	34. 1	35. 9
36. 9	37. 5	38. 6	39. 0	40. 4

Answer Key # 32

1. 6	2. 9	3. 8	4. 2	5. 3
6. 1	7. 8	8. 2	9. 1	10. 8
11. 5	12. 7	13. 2	14. 2	15. 4
16. 4	17. 7	18. 8	19. 6	20. 4
21. 2	22. 6	23. 2	24. 8	25. 2
26. 0	27. 6	28. 5	29. 3	30. 9
31. 5	32. 10	33. 4	34. 8	35. 1
36. 6	37. 1	38. 10	39. 10	40. 6

Answer Key # 33

1. 1	2. 10	3. 2	4. 3	5. 2
6. 8	7. 6	8. 6	9. 3	10. 7
11. 10	12. 9	13. 1	14. 1	15. 2
16. 2	17. 8	18. 2	19. 8	20. 6
21. 5	22. 8	23. 6	24. 0	25. 10
26. 2	27. 10	28. 2	29. 10	30. 9
31. 9	32. 3	33. 7	34. 4	35. 0
36. 7	37. 6	38. 4	39. 0	40. 1

Answer Key # 34

1. 9	2. 9	3. 4	4. 6	5. 6
6. 1	7. 4	8. 3	9. 10	10. 7
11. 8	12. 3	13. 9	14. 0	15. 9
16. 0	17. 8	18. 4	19. 2	20. 8
21. 6	22. 10	23. 0	24. 1	25. 2
26. 4	27. 7	28. 10	29. 2	30. 6
31. 3	32. 5	33. 0	34. 10	35. 0
36. 0	37. 1	38. 8	39. 8	40. 8

Answer Key # 35

1. 9	2. 1	3. 4	4. 6	5. 0
6. 1	7. 1	8. 9	9. 7	10. 1
11. 3	12. 4	13. 8	14. 6	15. 6
16. 4	17. 4	18. 5	19. 0	20. 9
21. 8	22. 8	23. 9	24. 2	25. 9
26. 4	27. 8	28. 6	29. 0	30. 3
31. 3	32. 6	33. 10	34. 6	35. 1
36. 2	37. 4	38. 5	39. 1	40. 9

Answer Key # 36

1. 10	2. 9	3. 2	4. 6	5. 7
6. 1	7. 8	8. 0	9. 10	10. 5
11. 7	12. 3	13. 0	14. 8	15. 2
16. 3	17. 6	18. 7	19. 4	20. 1
21. 1	22. 2	23. 8	24. 7	25. 0
26. 6	27. 8	28. 4	29. 7	30. 0
31. 0	32. 3	33. 10	34. 10	35. 1
36. 8	37. 9	38. 9	39. 7	40. 2

Answer Key # 37

1. 5	2. 9	3. 6	4. 4	5. 3
6. 4	7. 6	8. 5	9. 1	10. 7
11. 6	12. 6	13. 1	14. 10	15. 0
16. 6	17. 8	18. 4	19. 6	20. 9
21. 5	22. 10	23. 9	24. 6	25. 9
26. 2	27. 9	28. 8	29. 0	30. 8
31. 6	32. 10	33. 0	34. 9	35. 1
36. 3	37. 8	38. 5	39. 6	40. 0

Answer Key # 38

1. 0	2. 4	3. 1	4. 6	5. 0
6. 4	7. 7	8. 2	9. 5	10. 8
11. 2	12. 2	13. 1	14. 10	15. 5
16. 9	17. 9	18. 3	19. 0	20. 10
21. 2	22. 9	23. 8	24. 4	25. 6
26. 10	27. 3	28. 4	29. 7	30. 9
31. 6	32. 2	33. 1	34. 2	35. 4
36. 1	37. 4	38. 10	39. 8	40. 10

Answer Key # 39

1. 3	2. 3	3. 2	4. 4	5. 1
6. 1	7. 5	8. 3	9. 9	10. 7
11. 4	12. 6	13. 5	14. 10	15. 0
16. 10	17. 6	18. 4	19. 1	20. 7
21. 2	22. 3	23. 2	24. 3	25. 8
26. 2	27. 4	28. 0	29. 0	30. 3
31. 8	32. 5	33. 1	34. 2	35. 10
36. 7	37. 1	38. 8	39. 8	40. 8

Answer Key # 40

1. 4	2. 6	3. 6	4. 10	5. 7
6. 5	7. 2	8. 2	9. 6	10. 10
11. 7	12. 0	13. 7	14. 9	15. 7
16. 7	17. 10	18. 6	19. 8	20. 3
21. 7	22. 5	23. 8	24. 0	25. 4
26. 2	27. 0	28. 0	29. 4	30. 7
31. 6	32. 6	33. 2	34. 10	35. 8
36. 5	37. 3	38. 2	39. 10	40. 8

Answer Key # 41

1. 16	2. 16	3. 8	4. 15	5. 20
6. 17	7. 12	8. 19	9. 18	10. 17
11. 15	12. 19	13. 7	14. 14	15. 10
16. 15	17. 17	18. 19	19. 7	20. 6
21. 20	22. 6	23. 2	24. 16	25. 17
26. 14	27. 15	28. 8	29. 19	30. 20
31. 13	32. 15	33. 17	34. 15	35. 14
36. 13	37. 16	38. 10	39. 19	40. 13

Answer Key # 42

1. 18	2. 7	3. 9	4. 11	5. 16
6. 16	7. 10	8. 19	9. 18	10. 20
11. 20	12. 5	13. 17	14. 10	15. 16
16. 20	17. 12	18. 14	19. 14	20. 11
21. 16	22. 12	23. 15	24. 9	25. 19
26. 16	27. 9	28. 15	29. 11	30. 19
31. 18	32. 17	33. 13	34. 12	35. 10
36. 19	37. 2	38. 12	39. 19	40. 11

Answer Key # 43

1. 10	2. 16	3. 18	4. 19	5. 12
6. 20	7. 18	8. 14	9. 14	10. 13
11. 3	12. 18	13. 14	14. 20	15. 18
16. 15	17. 17	18. 15	19. 17	20. 15
21. 18	22. 13	23. 20	24. 18	25. 20
26. 19	27. 19	28. 3	29. 4	30. 20
31. 18	32. 6	33. 16	34. 13	35. 20
36. 15	37. 9	38. 17	39. 16	40. 14

Answer Key # 44

1. 15	2. 19	3. 18	4. 18	5. 4
6. 20	7. 18	8. 16	9. 15	10. 3
11. 12	12. 15	13. 7	14. 14	15. 11
16. 8	17. 19	18. 17	19. 14	20. 14
21. 19	22. 10	23. 13	24. 9	25. 4
26. 17	27. 20	28. 20	29. 19	30. 17
31. 14	32. 10	33. 16	34. 11	35. 5
36. 16	37. 7	38. 20	39. 20	40. 19

Answer Key # 45

1. 9	2. 19	3. 5	4. 11	5. 17
6. 8	7. 19	8. 9	9. 14	10. 9
11. 17	12. 13	13. 11	14. 18	15. 13
16. 20	17. 6	18. 15	19. 13	20. 20
21. 11	22. 8	23. 18	24. 12	25. 4
26. 5	27. 5	28. 13	29. 18	30. 7
31. 15	32. 13	33. 20	34. 17	35. 19
36. 20	37. 7	38. 17	39. 16	40. 8

Answer Key # 46

1. 7	2. 11	3. 15	4. 20	5. 13
6. 19	7. 10	8. 6	9. 18	10. 16
11. 10	12. 3	13. 19	14. 7	15. 15
16. 7	17. 19	18. 10	19. 11	20. 17
21. 8	22. 15	23. 11	24. 12	25. 19
26. 17	27. 17	28. 16	29. 18	30. 17
31. 6	32. 8	33. 19	34. 10	35. 15
36. 11	37. 11	38. 14	39. 15	40. 7

Answer Key # 47

1. 18	2. 5	3. 18	4. 11	5. 12
6. 20	7. 9	8. 14	9. 14	10. 14
11. 13	12. 10	13. 15	14. 14	15. 15
16. 20	17. 13	18. 6	19. 19	20. 18
21. 17	22. 20	23. 14	24. 18	25. 5
26. 8	27. 11	28. 4	29. 15	30. 13
31. 5	32. 15	33. 3	34. 4	35. 15
36. 10	37. 10	38. 16	39. 12	40. 19

Answer Key # 48

1. 18	2. 19	3. 15	4. 10	5. 17
6. 12	7. 12	8. 20	9. 9	10. 17
11. 8	12. 8	13. 19	14. 6	15. 16
16. 16	17. 13	18. 17	19. 17	20. 15
21. 9	22. 19	23. 9	24. 9	25. 20
26. 16	27. 12	28. 16	29. 6	30. 12
31. 19	32. 15	33. 8	34. 14	35. 16
36. 18	37. 7	38. 13	39. 15	40. 12

Answer Key # 49

1. 16	2. 11	3. 20	4. 20	5. 13
6. 8	7. 7	8. 20	9. 19	10. 15
11. 20	12. 13	13. 15	14. 4	15. 13
16. 20	17. 17	18. 11	19. 17	20. 20
21. 18	22. 16	23. 12	24. 20	25. 10
26. 16	27. 9	28. 13	29. 16	30. 7
31. 18	32. 14	33. 12	34. 17	35. 12
36. 19	37. 13	38. 18	39. 13	40. 20

Answer Key # 50

1. 2	2. 20	3. 14	4. 13	5. 18
6. 14	7. 10	8. 19	9. 10	10. 19
11. 10	12. 4	13. 7	14. 3	15. 15
16. 17	17. 5	18. 18	19. 20	20. 5
21. 18	22. 9	23. 20	24. 20	25. 2
26. 20	27. 19	28. 15	29. 17	30. 11
31. 16	32. 15	33. 19	34. 10	35. 18
36. 12	37. 11	38. 19	39. 16	40. 15

Answer Key # 51

1. 14	2. 18	3. 9	4. 13	5. 17
6. 18	7. 3	8. 14	9. 19	10. 4
11. 20	12. 15	13. 13	14. 5	15. 15
16. 12	17. 19	18. 18	19. 16	20. 15
21. 6	22. 18	23. 9	24. 18	25. 13
26. 19	27. 17	28. 13	29. 14	30. 8
31. 5	32. 20	33. 19	34. 15	35. 15
36. 14	37. 10	38. 9	39. 16	40. 10

Answer Key # 52

1. 19	2. 20	3. 9	4. 9	5. 9
6. 18	7. 18	8. 8	9. 20	10. 19
11. 18	12. 15	13. 6	14. 19	15. 20
16. 8	17. 20	18. 9	19. 17	20. 9
21. 19	22. 20	23. 18	24. 15	25. 19
26. 16	27. 9	28. 14	29. 10	30. 19
31. 18	32. 7	33. 20	34. 7	35. 17
36. 4	37. 15	38. 15	39. 11	40. 15

Answer Key # 53

1. 8	2. 17	3. 15	4. 16	5. 16
6. 18	7. 13	8. 14	9. 11	10. 16
11. 20	12. 12	13. 20	14. 4	15. 17
16. 14	17. 13	18. 18	19. 18	20. 18
21. 9	22. 15	23. 13	24. 2	25. 16
26. 19	27. 18	28. 10	29. 20	30. 5
31. 17	32. 16	33. 9	34. 14	35. 8
36. 19	37. 18	38. 20	39. 19	40. 19

Answer Key # 54

1. 16	2. 4	3. 16	4. 19	5. 17
6. 11	7. 8	8. 5	9. 13	10. 20
11. 15	12. 7	13. 15	14. 17	15. 12
16. 17	17. 10	18. 16	19. 12	20. 16
21. 11	22. 12	23. 13	24. 12	25. 12
26. 12	27. 14	28. 11	29. 13	30. 19
31. 18	32. 2	33. 16	34. 11	35. 18
36. 17	37. 17	38. 17	39. 18	40. 16

Answer Key # 55

1. 3	2. 17	3. 11	4. 6	5. 7
6. 15	7. 13	8. 19	9. 5	10. 20
11. 12	12. 12	13. 20	14. 14	15. 18
16. 12	17. 20	18. 20	19. 7	20. 17
21. 20	22. 9	23. 7	24. 18	25. 18
26. 11	27. 11	28. 14	29. 18	30. 18
31. 14	32. 20	33. 12	34. 15	35. 10
36. 17	37. 20	38. 3	39. 11	40. 12

Answer Key # 56

1. 19	2. 17	3. 16	4. 9	5. 10
6. 13	7. 9	8. 19	9. 16	10. 19
11. 19	12. 14	13. 9	14. 12	15. 10
16. 17	17. 10	18. 9	19. 16	20. 19
21. 16	22. 11	23. 15	24. 16	25. 14
26. 6	27. 18	28. 20	29. 3	30. 17
31. 6	32. 13	33. 19	34. 9	35. 8
36. 9	37. 8	38. 6	39. 17	40. 14

Answer Key # 57

1. 8	2. 14	3. 3	4. 8	5. 3
6. 0	7. 0	8. 5	9. 14	10. 10
11. 0	12. 0	13. 16	14. 1	15. 0
16. 0	17. 5	18. 17	19. 2	20. 2
21. 5	22. 5	23. 2	24. 2	25. 6
26. 9	27. 0	28. 1	29. 8	30. 7
31. 2	32. 1	33. 0	34. 3	35. 3
36. 15	37. 7	38. 0	39. 9	40. 0

Answer Key # 58

1. 15	2. 11	3. 2	4. 16	5. 1
6. 5	7. 2	8. 0	9. 10	10. 10
11. 11	12. 0	13. 7	14. 16	15. 2
16. 7	17. 8	18. 6	19. 9	20. 4
21. 5	22. 4	23. 1	24. 9	25. 6
26. 13	27. 0	28. 6	29. 3	30. 3
31. 9	32. 4	33. 11	34. 7	35. 7
36. 0	37. 18	38. 0	39. 1	40. 6

Answer Key # 59

1. 12	2. 10	3. 8	4. 3	5. 11
6. 9	7. 5	8. 4	9. 1	10. 10
11. 6	12. 0	13. 12	14. 16	15. 12
16. 1	17. 4	18. 12	19. 11	20. 5
21. 13	22. 13	23. 4	24. 13	25. 3
26. 8	27. 8	28. 1	29. 13	30. 7
31. 6	32. 17	33. 13	34. 5	35. 4
36. 14	37. 14	38. 2	39. 4	40. 0

Answer Key # 60

1. 3	2. 1	3. 7	4. 6	5. 4
6. 3	7. 12	8. 3	9. 7	10. 5
11. 2	12. 2	13. 4	14. 0	15. 9
16. 0	17. 1	18. 9	19. 9	20. 11
21. 1	22. 0	23. 17	24. 3	25. 2
26. 1	27. 3	28. 1	29. 6	30. 4
31. 4	32. 3	33. 6	34. 8	35. 10
36. 1	37. 16	38. 12	39. 12	40. 10

Answer Key # 61

1. 7	2. 11	3. 1	4. 4	5. 10
6. 15	7. 9	8. 2	9. 11	10. 18
11. 1	12. 11	13. 7	14. 14	15. 2
16. 4	17. 15	18. 13	19. 2	20. 10
21. 19	22. 7	23. 10	24. 4	25. 8
26. 6	27. 12	28. 15	29. 5	30. 5
31. 8	32. 7	33. 2	34. 5	35. 7
36. 12	37. 3	38. 6	39. 9	40. 6

Answer Key # 62

1. 8	2. 1	3. 6	4. 1	5. 8
6. 6	7. 0	8. 15	9. 3	10. 1
11. 19	12. 11	13. 4	14. 5	15. 2
16. 3	17. 5	18. 9	19. 2	20. 14
21. 4	22. 17	23. 15	24. 8	25. 1
26. 5	27. 1	28. 3	29. 9	30. 14
31. 18	32. 5	33. 7	34. 7	35. 4
36. 8	37. 11	38. 1	39. 12	40. 3

Answer Key # 63

1. 4	2. 10	3. 4	4. 11	5. 12
6. 7	7. 6	8. 1	9. 14	10. 14
11. 9	12. 6	13. 10	14. 6	15. 0
16. 3	17. 0	18. 1	19. 10	20. 9
21. 9	22. 13	23. 10	24. 1	25. 4
26. 12	27. 5	28. 4	29. 0	30. 1
31. 5	32. 1	33. 3	34. 1	35. 4
36. 6	37. 5	38. 12	39. 0	40. 5

Answer Key # 64

1. 4	2. 13	3. 7	4. 2	5. 4
6. 8	7. 10	8. 8	9. 3	10. 19
11. 6	12. 6	13. 16	14. 13	15. 7
16. 7	17. 3	18. 0	19. 2	20. 3
21. 10	22. 1	23. 2	24. 0	25. 6
26. 10	27. 0	28. 14	29. 15	30. 8
31. 1	32. 2	33. 0	34. 7	35. 8
36. 19	37. 6	38. 1	39. 0	40. 4

Answer Key # 65

1. 13	2. 0	3. 2	4. 5	5. 0
6. 4	7. 0	8. 2	9. 3	10. 15
11. 14	12. 12	13. 8	14. 8	15. 4
16. 3	17. 0	18. 1	19. 9	20. 2
21. 5	22. 3	23. 8	24. 2	25. 2
26. 0	27. 4	28. 7	29. 9	30. 8
31. 6	32. 4	33. 2	34. 3	35. 16
36. 18	37. 5	38. 9	39. 13	40. 4

Answer Key # 66

1. 3	2. 3	3. 11	4. 13	5. 17
6. 9	7. 7	8. 5	9. 7	10. 2
11. 7	12. 2	13. 5	14. 15	15. 4
16. 2	17. 8	18. 6	19. 10	20. 6
21. 4	22. 2	23. 12	24. 16	25. 5
26. 9	27. 2	28. 6	29. 15	30. 0
31. 7	32. 2	33. 6	34. 6	35. 9
36. 16	37. 1	38. 2	39. 5	40. 11

Answer Key # 67

1. 11	2. 1	3. 6	4. 12	5. 1
6. 10	7. 1	8. 3	9. 0	10. 12
11. 1	12. 11	13. 3	14. 13	15. 0
16. 4	17. 7	18. 3	19. 10	20. 15
21. 3	22. 7	23. 5	24. 5	25. 2
26. 11	27. 0	28. 17	29. 14	30. 0
31. 11	32. 8	33. 0	34. 0	35. 9
36. 9	37. 11	38. 12	39. 11	40. 16

Answer Key # 68

1. 1	2. 1	3. 6	4. 8	5. 16
6. 13	7. 0	8. 0	9. 5	10. 0
11. 5	12. 7	13. 4	14. 6	15. 11
16. 15	17. 8	18. 0	19. 3	20. 3
21. 12	22. 9	23. 9	24. 14	25. 5
26. 7	27. 15	28. 0	29. 2	30. 0
31. 6	32. 16	33. 19	34. 1	35. 15
36. 6	37. 5	38. 10	39. 5	40. 12

Answer Key # 69

1. 1	2. 1	3. 1	4. 7	5. 8
6. 8	7. 9	8. 8	9. 0	10. 4
11. 3	12. 4	13. 2	14. 1	15. 12
16. 14	17. 0	18. 1	19. 0	20. 2
21. 4	22. 12	23. 1	24. 5	25. 14
26. 10	27. 13	28. 9	29. 0	30. 0
31. 2	32. 1	33. 1	34. 3	35. 7
36. 3	37. 0	38. 19	39. 1	40. 0

Answer Key # 70

1. 2	2. 17	3. 13	4. 8	5. 2
6. 2	7. 6	8. 5	9. 0	10. 9
11. 2	12. 14	13. 7	14. 6	15. 1
16. 6	17. 10	18. 1	19. 2	20. 5
21. 7	22. 14	23. 0	24. 16	25. 1
26. 3	27. 2	28. 8	29. 7	30. 13
31. 2	32. 7	33. 11	34. 3	35. 0
36. 4	37. 4	38. 3	39. 8	40. 4

Answer Key # 71

1. 5	2. 1	3. 7	4. 3	5. 3
6. 8	7. 1	8. 11	9. 1	10. 9
11. 7	12. 7	13. 5	14. 6	15. 4
16. 10	17. 6	18. 3	19. 15	20. 0
21. 10	22. 2	23. 17	24. 15	25. 6
26. 1	27. 18	28. 6	29. 9	30. 2
31. 13	32. 13	33. 12	34. 11	35. 15
36. 2	37. 16	38. 4	39. 11	40. 1

Answer Key # 72

1. 11	2. 14	3. 0	4. 7	5. 12
6. 3	7. 17	8. 18	9. 4	10. 2
11. 3	12. 10	13. 5	14. 11	15. 2
16. 7	17. 1	18. 10	19. 2	20. 4
21. 9	22. 6	23. 8	24. 11	25. 3
26. 6	27. 10	28. 2	29. 5	30. 4
31. 5	32. 7	33. 9	34. 16	35. 12
36. 0	37. 8	38. 1	39. 5	40. 4

Answer Key # 73

1. 10	2. 0	3. 18	4. 13	5. 18
6. 10	7. 10	8. 9	9. 17	10. 9
11. 4	12. 16	13. 14	14. 13	15. 12
16. 18	17. 16	18. 1	19. 13	20. 17
21. 12	22. 17	23. 13	24. 9	25. 14
26. 1	27. 10	28. 13	29. 17	30. 4
31. 18	32. 5	33. 16	34. 5	35. 9
36. 19	37. 2	38. 10	39. 6	40. 3

Answer Key # 74

1. 16	2. 8	3. 11	4. 14	5. 17
6. 7	7. 18	8. 3	9. 7	10. 0
11. 0	12. 18	13. 11	14. 2	15. 15
16. 16	17. 17	18. 14	19. 17	20. 5
21. 10	22. 15	23. 15	24. 4	25. 2
26. 1	27. 14	28. 9	29. 19	30. 3
31. 14	32. 2	33. 19	34. 8	35. 15
36. 9	37. 3	38. 2	39. 9	40. 5

Answer Key # 75

1. 7	2. 6	3. 16	4. 7	5. 20
6. 0	7. 4	8. 0	9. 20	10. 8
11. 6	12. 4	13. 17	14. 16	15. 6
16. 4	17. 15	18. 8	19. 16	20. 4
21. 6	22. 3	23. 20	24. 20	25. 10
26. 5	27. 20	28. 1	29. 20	30. 12
31. 6	32. 20	33. 1	34. 10	35. 20
36. 8	37. 1	38. 14	39. 2	40. 15

Answer Key # 76

1. 0	2. 5	3. 15	4. 1	5. 2
6. 18	7. 18	8. 3	9. 20	10. 20
11. 6	12. 0	13. 6	14. 1	15. 4
16. 19	17. 2	18. 12	19. 3	20. 7
21. 5	22. 7	23. 1	24. 12	25. 6
26. 14	27. 5	28. 14	29. 18	30. 18
31. 13	32. 7	33. 15	34. 5	35. 7
36. 16	37. 16	38. 0	39. 5	40. 5

Answer Key # 77

1. 20	2. 1	3. 19	4. 5	5. 12
6. 4	7. 15	8. 9	9. 16	10. 2
11. 2	12. 15	13. 19	14. 20	15. 4
16. 3	17. 16	18. 3	19. 4	20. 11
21. 4	22. 2	23. 1	24. 13	25. 8
26. 18	27. 13	28. 14	29. 2	30. 1
31. 10	32. 8	33. 8	34. 18	35. 9
36. 0	37. 9	38. 9	39. 0	40. 9

Answer Key # 78

1. 3	2. 18	3. 11	4. 12	5. 6
6. 2	7. 10	8. 8	9. 17	10. 6
11. 2	12. 11	13. 13	14. 19	15. 17
16. 0	17. 0	18. 3	19. 3	20. 15
21. 7	22. 20	23. 0	24. 10	25. 4
26. 12	27. 10	28. 10	29. 11	30. 11
31. 13	32. 17	33. 8	34. 6	35. 18
36. 1	37. 7	38. 14	39. 10	40. 13

Answer Key # 79

1. 8	2. 3	3. 16	4. 16	5. 19
6. 2	7. 16	8. 17	9. 10	10. 7
11. 0	12. 11	13. 0	14. 6	15. 8
16. 17	17. 5	18. 20	19. 15	20. 5
21. 5	22. 1	23. 2	24. 10	25. 10
26. 8	27. 20	28. 4	29. 12	30. 11
31. 9	32. 9	33. 4	34. 6	35. 6
36. 12	37. 20	38. 20	39. 9	40. 5

Answer Key # 80

1. 1	2. 6	3. 15	4. 17	5. 0
6. 6	7. 13	8. 13	9. 14	10. 18
11. 4	12. 1	13. 12	14. 12	15. 10
16. 20	17. 14	18. 9	19. 6	20. 1
21. 13	22. 10	23. 13	24. 17	25. 18
26. 9	27. 3	28. 8	29. 13	30. 11
31. 17	32. 12	33. 3	34. 15	35. 13
36. 1	37. 7	38. 16	39. 8	40. 6

Answer Key # 81

1. 13	2. 8	3. 13	4. 3	5. 4
6. 1	7. 1	8. 20	9. 14	10. 1
11. 18	12. 3	13. 1	14. 14	15. 7
16. 16	17. 17	18. 6	19. 17	20. 11
21. 2	22. 15	23. 0	24. 8	25. 8
26. 19	27. 7	28. 4	29. 14	30. 7
31. 16	32. 17	33. 10	34. 1	35. 12
36. 20	37. 16	38. 3	39. 19	40. 19

Answer Key # 82

1. 18	2. 8	3. 8	4. 8	5. 12
6. 0	7. 20	8. 0	9. 10	10. 5
11. 10	12. 10	13. 7	14. 0	15. 18
16. 2	17. 4	18. 17	19. 10	20. 9
21. 9	22. 7	23. 10	24. 5	25. 5
26. 3	27. 12	28. 6	29. 19	30. 2
31. 19	32. 1	33. 18	34. 7	35. 4
36. 3	37. 18	38. 15	39. 18	40. 6

Answer Key # 83

1. 6	2. 9	3. 7	4. 11	5. 18
6. 18	7. 20	8. 16	9. 4	10. 2
11. 7	12. 18	13. 7	14. 1	15. 19
16. 3	17. 19	18. 3	19. 20	20. 18
21. 15	22. 11	23. 3	24. 3	25. 14
26. 2	27. 14	28. 20	29. 1	30. 9
31. 18	32. 18	33. 0	34. 14	35. 15
36. 19	37. 4	38. 8	39. 18	40. 10

Answer Key # 84

1. 4	2. 6	3. 15	4. 18	5. 18
6. 16	7. 9	8. 2	9. 15	10. 20
11. 19	12. 3	13. 13	14. 4	15. 13
16. 11	17. 18	18. 10	19. 12	20. 9
21. 0	22. 14	23. 13	24. 5	25. 6
26. 10	27. 13	28. 2	29. 17	30. 7
31. 2	32. 5	33. 15	34. 14	35. 17
36. 5	37. 8	38. 20	39. 13	40. 18

Answer Key # 85

1. 8	2. 5	3. 1	4. 10	5. 5
6. 12	7. 7	8. 11	9. 12	10. 8
11. 18	12. 15	13. 6	14. 2	15. 11
16. 1	17. 19	18. 12	19. 8	20. 18
21. 20	22. 12	23. 2	24. 20	25. 3
26. 19	27. 1	28. 11	29. 13	30. 7
31. 8	32. 3	33. 3	34. 0	35. 10
36. 14	37. 3	38. 13	39. 19	40. 17

Answer Key # 86

1. 17	2. 1	3. 4	4. 3	5. 18
6. 19	7. 18	8. 12	9. 19	10. 20
11. 0	12. 6	13. 14	14. 8	15. 19
16. 9	17. 3	18. 5	19. 6	20. 0
21. 9	22. 17	23. 11	24. 6	25. 8
26. 17	27. 19	28. 6	29. 2	30. 17
31. 10	32. 15	33. 5	34. 11	35. 4
36. 2	37. 19	38. 9	39. 8	40. 10

Answer Key # 87

1. 2	2. 0	3. 19	4. 18	5. 10
6. 12	7. 16	8. 8	9. 9	10. 9
11. 9	12. 1	13. 5	14. 7	15. 16
16. 0	17. 4	18. 7	19. 2	20. 17
21. 12	22. 11	23. 9	24. 12	25. 9
26. 4	27. 16	28. 17	29. 2	30. 3
31. 1	32. 14	33. 14	34. 4	35. 4
36. 15	37. 12	38. 2	39. 15	40. 5

Answer Key # 88

1. 11	2. 14	3. 18	4. 8	5. 6
6. 2	7. 20	8. 3	9. 14	10. 12
11. 7	12. 0	13. 17	14. 12	15. 9
16. 12	17. 6	18. 20	19. 2	20. 1
21. 0	22. 5	23. 3	24. 13	25. 11
26. 6	27. 17	28. 14	29. 1	30. 14
31. 4	32. 9	33. 14	34. 1	35. 1
36. 0	37. 18	38. 3	39. 16	40. 1

Answer Key # 89

1. 10	2. 7	3. 12	4. 15	5. 6
6. 17	7. 1	8. 13	9. 18	10. 3
11. 19	12. 4	13. 7	14. 8	15. 15
16. 0	17. 18	18. 18	19. 5	20. 8
21. 7	22. 5	23. 20	24. 7	25. 9
26. 19	27. 1	28. 7	29. 3	30. 9
31. 8	32. 17	33. 9	34. 1	35. 11
36. 6	37. 17	38. 11	39. 5	40. 6

Answer Key # 90

1. 3	2. 10	3. 8	4. 11	5. 19
6. 12	7. 13	8. 2	9. 9	10. 6
11. 6	12. 11	13. 2	14. 19	15. 13
16. 0	17. 11	18. 12	19. 18	20. 20
21. 0	22. 13	23. 15	24. 5	25. 2
26. 5	27. 17	28. 11	29. 13	30. 6
31. 10	32. 5	33. 11	34. 15	35. 19
36. 8	37. 16	38. 8	39. 2	40. 6

Answer Key # 91

1. 18	2. 17	3. 1	4. 0	5. 11
6. 13	7. 14	8. 2	9. 4	10. 0
11. 13	12. 6	13. 4	14. 15	15. 1
16. 11	17. 14	18. 6	19. 18	20. 18
21. 5	22. 6	23. 8	24. 9	25. 2
26. 16	27. 17	28. 5	29. 2	30. 9
31. 20	32. 10	33. 17	34. 2	35. 17
36. 6	37. 12	38. 4	39. 11	40. 20

Answer Key # 92

1. 4	2. 14	3. 6	4. 6	5. 3
6. 20	7. 2	8. 16	9. 9	10. 8
11. 19	12. 1	13. 16	14. 3	15. 5
16. 18	17. 4	18. 12	19. 14	20. 16
21. 8	22. 4	23. 18	24. 9	25. 20
26. 6	27. 18	28. 18	29. 10	30. 7
31. 4	32. 10	33. 20	34. 5	35. 12
36. 11	37. 8	38. 15	39. 2	40. 17

Answer Key # 93

1. 17	2. 2	3. 8	4. 20	5. 5
6. 15	7. 0	8. 5	9. 3	10. 7
11. 3	12. 20	13. 0	14. 17	15. 16
16. 14	17. 11	18. 6	19. 20	20. 19
21. 0	22. 2	23. 18	24. 1	25. 2
26. 13	27. 13	28. 16	29. 14	30. 18
31. 3	32. 8	33. 19	34. 5	35. 4
36. 11	37. 17	38. 7	39. 2	40. 5

Answer Key # 94

1. 1	2. 15	3. 10	4. 20	5. 11
6. 0	7. 11	8. 15	9. 19	10. 10
11. 5	12. 0	13. 6	14. 8	15. 4
16. 20	17. 8	18. 16	19. 10	20. 9
21. 8	22. 15	23. 13	24. 7	25. 16
26. 1	27. 18	28. 1	29. 15	30. 12
31. 19	32. 3	33. 5	34. 3	35. 15
36. 2	37. 11	38. 19	39. 6	40. 14

Answer Key # 95

1. 8	2. 1	3. 13	4. 0	5. 13
6. 10	7. 13	8. 16	9. 4	10. 18
11. 14	12. 5	13. 12	14. 14	15. 4
16. 7	17. 2	18. 1	19. 13	20. 16
21. 16	22. 15	23. 8	24. 12	25. 15
26. 3	27. 19	28. 7	29. 6	30. 11
31. 20	32. 5	33. 9	34. 19	35. 12
36. 13	37. 12	38. 9	39. 7	40. 4

Answer Key # 96

1. 17	2. 10	3. 17	4. 9	5. 20
6. 7	7. 8	8. 6	9. 3	10. 0
11. 16	12. 1	13. 7	14. 13	15. 15
16. 1	17. 5	18. 18	19. 19	20. 1
21. 14	22. 19	23. 12	24. 0	25. 15
26. 10	27. 20	28. 17	29. 16	30. 18
31. 8	32. 3	33. 8	34. 14	35. 13
36. 20	37. 15	38. 19	39. 11	40. 2

Answer Key # 97

1. 17	2. 1	3. 18	4. 10	5. 17
6. 7	7. 19	8. 15	9. 8	10. 20
11. 2	12. 11	13. 9	14. 11	15. 13
16. 5	17. 5	18. 11	19. 1	20. 12
21. 5	22. 2	23. 16	24. 5	25. 18
26. 6	27. 2	28. 4	29. 11	30. 18
31. 20	32. 5	33. 16	34. 18	35. 18
36. 20	37. 10	38. 8	39. 7	40. 8

Answer Key # 98

1. 0	2. 3	3. 10	4. 3	5. 5
6. 5	7. 11	8. 2	9. 17	10. 2
11. 4	12. 9	13. 9	14. 12	15. 11
16. 18	17. 8	18. 13	19. 13	20. 6
21. 6	22. 16	23. 12	24. 18	25. 20
26. 16	27. 20	28. 9	29. 4	30. 8
31. 6	32. 11	33. 15	34. 0	35. 11
36. 16	37. 2	38. 17	39. 14	40. 10

Answer Key # 99

1. 19	2. 16	3. 19	4. 4	5. 0
6. 5	7. 19	8. 2	9. 5	10. 18
11. 9	12. 20	13. 12	14. 10	15. 12
16. 13	17. 3	18. 11	19. 9	20. 0
21. 6	22. 4	23. 3	24. 9	25. 19
26. 3	27. 20	28. 12	29. 9	30. 14
31. 11	32. 1	33. 0	34. 1	35. 9
36. 2	37. 7	38. 8	39. 11	40. 3

Answer Key # 100

1. 17	2. 6	3. 13	4. 12	5. 15
6. 11	7. 20	8. 7	9. 0	10. 10
11. 11	12. 15	13. 6	14. 20	15. 1
16. 12	17. 14	18. 1	19. 9	20. 0
21. 15	22. 17	23. 20	24. 14	25. 4
26. 10	27. 0	28. 15	29. 18	30. 17
31. 17	32. 2	33. 17	34. 10	35. 10
36. 1	37. 13	38. 0	39. 4	40. 2

Track your progress

Set	Time	Score	Set	Time	Score	Set	Time	Score	Set	Time	Score
1			26			51			76		
2			27			52			77		
3			28			53			78		
4			29			54			79		
5			30			55			80		
6			31			56			81		
7			32			57			82		
8			33			58			83		
9			34			59			84		
10			35			60			85		
11			36			61			86		
12			37			62			87		
13			38			63			88		
14			39			64			89		
15			40			65			90		
16			41			66			91		
17			42			67			92		
18			43			68			93		
19			44			69			94		
20			45			70			95		
21			46			71			96		
22			47			72			97		
23			48			73			98		
24			49			74			99		
25			50			75			100		

Made in United States
North Haven, CT
05 November 2026

21777128R00061